中国工程监理行业发展报告

中国建设监理协会
组织编写

中国建筑工业出版社

图书在版编目（CIP）数据

中国工程监理行业发展报告／中国建设监理协会组
织编写. —北京：中国建筑工业出版社，2023.9
ISBN 978-7-112-28994-3

Ⅰ.①中… Ⅱ.①中… Ⅲ.①建筑工程—监督管理—
研究报告—中国 Ⅳ.①TU712

中国国家版本馆CIP数据核字（2023）第143013号

　　本书由中国建设监理协会组织有关高校、行业协会及企业研究编写，分为三个部分，分别为：
建筑业与工程监理行业发展现状、高质量发展形势下工程监理行业发展机遇和挑战、工程监理行业
高质量发展政策及策略。三部分共七章，第1章 建筑业发展现状，第2章 工程监理行业发展现状，
第3章 建筑业发展形势，第4章 工程监理行业发展机遇，第5章 工程监理行业发展中存在的问题和挑
战，第6章 工程监理行业高质量发展政策，第7章 工程监理企业及人员高质量发展策略加大事记，综
合反映工程监理行业发展现状，分析工程监理在建筑业高质量发展形势下存在的问题、面临的机遇和
挑战，并提出发展策略。

　　适合监理行业从业及管理、科研人员使用。

责任编辑：边　琨　张　磊
书籍设计：锋尚设计
责任校对：芦欣甜

中国工程监理行业发展报告
中国建设监理协会　组织编写
*
中国建筑工业出版社出版、发行（北京海淀三里河路9号）
各地新华书店、建筑书店经销
北京锋尚制版有限公司制版
建工社（河北）印刷有限公司印刷
*
开本：787毫米×1092毫米　1/16　印张：7　字数：129千字
2023年9月第一版　　2023年9月第一次印刷
定价：**48.00**元
ISBN 978-7-112-28994-3
（41733）

序

工程监理制度自1988年推行以来，作为我国工程建设管理制度改革成果，在保障工程建设质量安全、提高建设工程投资效益等方面发挥了重要作用，对我国建筑业和国民经济持续健康发展作出了突出贡献。

工程监理制度实施35年来，相关法律法规及标准逐步完善，工程监理队伍不断壮大，工程监理企业经营业务不断增长，工程监理行业取得长足发展。随着我国经济发展进入新常态，供给侧结构性改革深入推进，建筑业深化改革和工程建设实施组织模式变革，建筑工业化、数智化、绿色化、国际化快速发展，给工程监理行业带来新的发展机遇和挑战。因此，积极开展工程监理行业发展研究，以更加广阔和深邃的视角剖析建筑业高质量发展形势下工程监理行业发展面临的机遇和挑战，并有针对性地提出发展建议，对于促进工程监理行业高质量可持续发展具有重要意义。

在推进中国式现代化建设中，广大工程监理企业及监理人员要不忘初心使命，通过不断改革创新，"树正气、补短板、强基础、扩规模"，切实履职尽责，当好"工程卫士、建设管家"。多元化综合型大型企业要以做强、做优、做大为目标，努力发展成为龙头企业，引领广大中小企业共同发展，为新时代工程建设事业高质量发展作出新的贡献。

中国建设监理协会会长　王早生

前　言

工程监理制度是我国工程建设管理的一项重要制度，自1988年开始试行以来，经过35年发展，在我国工程建设管理中发挥了不可或缺的重要作用。

为全面反映工程监理行业发展现状，分析工程监理在建筑业高质量发展形势下存在的问题、面临的机遇和挑战，并提出发展策略，以促进工程监理行业持续健康发展，中国建设监理协会组织有关高校、行业协会及企业研究编写了《中国工程监理行业发展报告》。

本报告共分三大部分7章内容。第一部分建筑业与工程监理行业发展现状，分两章分别阐述"十二五"年以来建筑业发展现状和工程监理行业发展现状；第二部分高质量发展形势下工程监理行业发展机遇和挑战，分三章分别剖析建筑业发展形势、工程监理行业发展机遇、工程监理行业发展中存在的问题和挑战；第三部分工程监理行业高质量发展政策及策略，分两章分别提出工程监理行业高质量发展政策和发展策略。最后，附有工程监理行业发展大事记。

主编单位：中国建设监理协会北京交通大学
　　　　　北京市建设监理协会
　　　　　上海市建设工程咨询行业协会

参编单位：北京方圆工程监理有限公司
　　　　　北京兴电国际工程管理有限公司
　　　　　上海建科工程咨询有限公司
　　　　　上海市建设工程监理咨询有限公司
　　　　　上海同济工程咨询有限公司
　　　　　深圳市恒浩建工程项目管理有限公司

编写人员：刘伊生　李　伟　夏　冰　徐逢治　龚花强　杨卫东　张铁明
　　　　　刘　君　魏园方　杨抒诣　敖永杰　沈云飞　吴淑萍　梁化康
　　　　　沈文欣　杨黎佳　孙　璐　杨　溢

审定人员：王早生　王学军　李明安　修　璐　温　健　孙惠民　汪成庆

中国建设监理协会

2023年5月

目 录

第一部分　建筑业与工程监理行业发展现状

第 1 章　建筑业发展现状

1.1　建筑业发展总况 / 004

1.2　建筑业代表性成就 / 007

第 2 章　工程监理行业发展现状

2.1　工程监理相关法律法规及标准建设 / 020

2.2　工程监理企业及从业人员规模发展 / 024

2.3　工程监理企业业务承揽及经营收入 / 037

第二部分　高质量发展形势下工程监理行业发展机遇和挑战

第 3 章　建筑业发展形势

3.1　绿色低碳发展及绿色建造 / 056

3.2　建筑工业化与数智化转型 / 058

3.3　工程建设实施组织方式变革 / 060

第 4 章　工程监理行业发展机遇

4.1　强化工程质量安全管理带来的机遇 / 066

4.2　工程监理业务拓展带来的机遇 / 069

第 5 章　工程监理行业发展中存在的问题和挑战

5.1　工程监理市场竞争及履职尽责存在的问题 / 072

5.2　新发展形势下工程监理行业面临的挑战 / 075

第三部分　工程监理行业高质量发展政策及策略

第 6 章　工程监理行业高质量发展政策

6.1　明确监理职责清单，推进监理工作标准化 / 084

6.2　创新动态监管方式，加强事中事后监管 / 085

6.3　发挥行业协会作用，促进行业自律和智库建设 / 088

第 7 章　工程监理企业及人员高质量发展策略

7.1　工程监理企业发展策略 / 090

7.2　工程监理人员发展策略 / 094

大事记 / 096

第一部分

建筑业与工程监理行业发展现状

第 1 章

建筑业发展现状

改革开放以来，我国建筑业持续快速发展，在国民经济中的支柱产业地位不断加强，对国民经济的拉动作用更加显著。"十二五"以来，我国建筑业规模持续快速扩大，建设品质有效提升，建筑业发展成效显著。本章将根据各种建筑业统计年鉴及建筑业发展报告等资料，概括"十二五"以来建筑业发展状况，并选取一些代表性工程展现中国建筑业发展成就，这些发展成就也是工程监理的伟大业绩。

1.1 建筑业发展总况

2021年全社会建筑业增加值80138亿元，占国内生产总值（GDP）的7.01%。2011年至2021年，全国建筑业增加值占GDP的比例始终保持在6.5%以上。全国建筑企业❶完成建筑业总产值293079.3亿元，签订合同总额656886.74亿元，完成房屋建筑施工面积157.55亿平方米，房屋建筑新开工面积49.21亿平方米，分别比2011年增长151.6%、213%、85%和15%。

1. 建筑业增加值年均增速略低于国内生产总值（GDP）增速

2011～2021年全社会建筑业增加值及增速、2011～2021年GDP增速与建筑业增加值增速分别如图1-1和图1-2所示。2011～2021年全社会建筑业增加值年均增长6.69%，略低于GDP年均增速6.88%。2011～2021年建筑业增加值占国内生产总值的比重如图1-3所示。从图1-3可以看出，建筑业增加值占GDP的比例始终保持在6.5%以上，近3年比例均高于7%，建筑业在国民经济中支柱产业地位稳固。

图1-1　2011～2021年建筑业增加值及增速

---

❶ 全国建筑企业指具有资质等级的总承包和专业承包企业，不含劳务分包企业，下同。

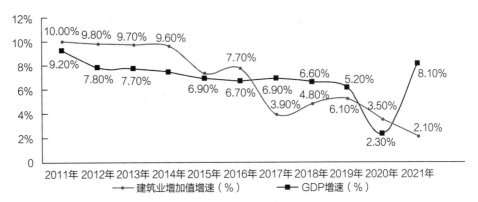

图1-2 2011~2021年GDP增速与建筑业增加值增速

图1-3 2011~2021年建筑业增加值占国内生产总值的比重

2. 建筑业总产值持续增长

2011~2021年建筑业总产值及增速如图1-4所示。2021年，建筑业总产值293079.3亿元，达到历史最大规模，比2011年增长151.6%。自2011年以来，建筑业总产值年均增速达9.8%，建筑企业生产经营规模持续快速扩大。

图1-4 2011~2021年建筑业总产值及增速

2011～2021年全国建筑企业完成竣工产值及增速如图1-5所示。从图1-5可以看出，2021年全国建筑企业完成竣工产值134522.95亿元。自2011年以来，全国建筑业企业完成竣工产值年均增长9.1%，增速自2017年后逐年放缓，但在2021年提升至两位数增长，工程竣工投产提速。

图1-5　2011～2021年全国建筑企业完成竣工产值及增速

3. 近3年房屋建筑工程新开工面积有所下降

2011～2021年全国建筑企业房屋建筑工程施工面积及增速如图1-6所示。从图1-6可以看出，2021年全国建筑企业完成房屋建筑工程施工面积157.55亿平方米，比2011年增长85%，年均增速7.7%。

2011～2021年全国建筑企业房屋建筑工程新开工面积及增速如图1-7所示。从图1-7所示，2021年全国建筑企业房屋建筑工程新开工面积49.21亿平方米，比2011年增长15%。2018年，新开工面积达到55.88亿平方米，是2011～2021年间最大值。2019年以来，房屋建筑工程新开工面积逐年减少。

图1-6　2011～2021年全国建筑企业房屋建筑工程施工面积及增速

图1-7 2011～2021年全国建筑企业房屋建筑工程新开工面积及增速

2011～2021年全国建筑企业房屋建筑工程竣工面积及增速如图1-8所示。从图1-8可以看出，2011～2021年间，2014年全国建筑企业房屋建筑工程竣工面积最多，达到42.34亿平方米。2021年，全国建筑企业房屋建筑工程竣工面积40.83亿平方米，改变了2016年以来房屋建筑工程竣工面积逐年下降的局面。

图1-8 2011～2021年全国建筑业企业房屋竣工面积及增速

1.2 建筑业代表性成就

近年来，我国建筑业持续快速发展，规模不断扩大，实力不断增强。一方面，建设工程技术不断实现跨越迭代，生产方式逐步向现代化迈进；另一方面，建筑业管理模式、方法和手段呈现多元化发展局面，逐步实现了由专业管理到全过程集成管理的跨越。同时，信息化、数字化手段不断更新，建筑业整体实现了阶段性大跨越和大发展。

"中国建造"技术和品牌在创新中实现腾飞蝶变，一系列世界顶尖水准的地标建筑拔地而起，高速铁路、高速公路等基础设施建设取得辉煌成就，成为我国建筑业发展的靓丽名片。以上海中心大厦为代表的摩天大楼，显示了中国工程的"高度"；以港珠澳大桥为代表的中国桥梁工程代表了中国工程的"精度"和"跨度"；以"八纵八横"高铁主骨架为代表的高铁工程彰显了中国工程"速度"和"密度"；以洋山深水港码头为代表的港口码头工程展现了中国工程的"深度"；以自主研发的三代核电技术"华龙一号"——福清核电站5号机组全球首堆示范工程代表着中国工程的"难度"等。

1.2.1 代表性工程项目

1. 摩天大楼

据统计，全世界超70%的超高层建筑都来自中国建造，展现了改革开放以来我国工程建设领域的巨大进步和城市现代化发展成果。近10年我国不断刷新世界高层建筑施工速度纪录，也使钢结构工程等施工技术从落后西方半个世纪跃升为世界领先水平。

（1）上海中心大厦。

高632米，是中国第一高楼、世界第三高楼。上海中心大厦始建于2008年11月29日，于2016年3月12日完成建筑总体的施工工作。主楼为地上127层，地下5层；裙楼共7层，其中地上5层，地下2层，建筑高度为38米；总建筑面积约为57.8万平方米，其中地上总面积约41万平方米，地下总面积约16.8万平方米，占地面积30368平方米，绿化率33%。上海中心大厦集高档办公、酒店、零售、娱乐功能于一体。不仅是中国建筑的"物理高度"，更是将美学功能与绿色融为一体，是中国建筑设计、建造工艺的巅峰。

（2）深圳平安国际金融中心。

高599.1米，是深圳最高的建筑。深圳平安国际金融中心于2016年4月全面竣工，是目前建成的最节能的超高层建筑之一。建筑外立面采用不锈钢支柱覆盖，从塔楼底座向上延伸直冲云霄；主体结构主要由办公、商业和观光层三部分组成，塔楼底部为商业裙楼，根植于城市肌理中，底层设计为大型中庭，可作为公共前厅和光线充足的集会、购物及餐饮空间。十层商业楼层呈梯田式后退，形成了一个类似半圆形露天剧场的空间，是CBD内充满生机的新城市空间。

（3）北京中信大厦。

高528米，是中国中信集团总部大楼，位于北京中央商务区的核心区域。北京中信大厦于2018年10月竣工，总建筑面积43.7万平方米，建筑层数地上108层、地下7层（不含夹层），可容纳1.2万人办公，集甲级写字楼、会议、商业、观光以及多种配套服务功能于一体。北京中信大厦是8度抗震设防烈度区的在建的最高建筑。为满足结构抗震与抗风的技术要求，北京中信大厦在结构上采用了含有巨型柱、巨型斜撑及转换桁架的外框筒以及含有组合钢板剪力墙的核心筒，形成了巨型钢-混凝土筒中筒结构体系。为配合建筑外轮廓，结构设计使用了BIM技术特别是结构参数化设计和分析手段，满足了建筑功能的要求，达到了经济性和安全性的统一。

（4）深圳京基100大厦。

高441.8米，2011年12月投入运营。地处广东省深圳市罗湖区蔡屋围金融与文化中心区，总建筑面积约22万平方米，由17.5万平方米的写字楼与4.6万平方米的酒店组成，为地上100层、地下4层结构。建成时是深圳市第一高楼、世界第八高楼。作为深圳市的重点建设项目，不仅刷新了深圳城市建设的新高度，更凝聚了人民群众对美好城市生活的向往和追求，成为记录深圳城市精神的新地标。

2. 桥梁工程

近10年来，中国现代桥梁建设走过了规模上从小到大、技术上从依赖外援到自主创新为主的发展历程。不仅在数量上开始适应经济社会发展需求，而且掌握了不同类型桥梁结构设计、建造及养护等方面的多项核心技术，部分成果已达国际领先水平。随着港珠澳、丹昆特、北盘江、青岛海湾等大桥的建成，中国桥梁建设规模、跨径和技术难度不断达到世界巅峰。在世界桥梁领域，无论是斜拉桥、悬索桥，还是拱桥、梁桥，中国桥梁都已占据重要的一席之地。

（1）港珠澳大桥。

全长55千米，是一座连接香港、广东珠海和澳门的桥隧工程，是我国公路建设史上实施难度极大的跨海桥隧项目，因其超大的建筑规模、空前的施工难度和顶尖的建造技术而闻名世界。港珠澳大桥于2009年12月15日动工建设，2018年10月24日开通运营。大桥东起香港国际机场附近的香港口岸人工岛，向西横跨南海伶仃洋水域接珠海和澳门人工岛，止于珠海洪湾立交；由海中桥隧主体工程、三地口岸和连接线组成，其中主桥29.6千米、香港口岸至珠澳口岸41.6千米；桥面为双向六车道高速公路，设计速度100千米/小时。港珠澳大桥是"一国两制"下，粤港澳三地首次合作建设的大型基础设施，是国家高速公路网规划中珠江三角洲地区环线的组成部分和跨越伶仃洋海域的关键性工程。大桥建设对于完善珠江三角洲地区公路网络，密切珠江东、西岸经济社会联系，促进粤港澳大湾区建设，保持香港澳门持续繁荣稳定具有重大意义。

（2）丹昆特大桥。

全长165千米，为截至本书完稿，记载的世界第一长桥。丹昆特大桥于2008年4月动工，2011年6月全线正式开通运营。丹昆特大桥是一座现代化高速铁路桥，位于京沪高铁江苏段，起自丹阳，途径常州、无锡、苏州，终到昆山；大桥纵贯的苏南地区属平原河网化地貌，水面宽度在20米以上的河道有150余条，同时，因处于经济发达地区，路网纵横，该桥需跨越各类型等级道路180余条。跨公路、跨铁路、跨水路，丹昆特大桥因地质原因和出于节省土地考虑，全部采用高架桥梁通过。

（3）北盘江大桥。

全长1341米，高565米，是世界高桥之一。北盘江大桥跨越云贵两省交界的北盘江大峡谷，与云南省在建的杭瑞高速普立乡至宣威段相接，大桥东、西两岸的主桥墩高度分别为269米和247米，720米的主跨，建成时，在同类型桥梁主跨的跨径中排名世界第二。北盘江大桥于2016年12月29日通车，通车后将云南宣威城区至贵州六盘水的车程从此前的5个小时左右缩短为1个多小时，拉动毕（节）六（盘水）两地经济社会跨越发展提供现代、优质、高效的交通运输保障。

（4）青岛海湾大桥。

又称胶州湾跨海大桥，全长36千米，是我国自行设计、施工、建造的特大跨海大桥。青岛海湾大桥位于山东省青岛市，于2011年6月30日正式通车。青岛海湾大桥东起青岛主城区黑龙江路杨家群入口处，跨越胶州湾海域，西至黄岛红石崖，是中国北方冰冻海区域首座特大型桥梁集群工程，加上引桥和连接线，总体规模曾为世界领先。红岛海上设互通立交，是国内第一座建立在海上的互通立交桥，采用了当时国内最大跨径、最小半径曲线滑移模架浇注箱梁，在世界上也属于首创。海湾大桥建成后给山东省内济南和青岛两大城市间的交通带来更为密切便捷的联系，对发挥青岛在山东省经济发展的龙头地位，进一步加快山东半岛城市群建设，促进胶东半岛旅游业发展具有重要意义。

（5）泰州大桥。

全长62千米，是首座大跨度三塔两跨吊悬索桥体系，首次在世界上实现三塔悬索桥塔跨径由百米向千米的突破，同时填补了大的水中沉井基础在中国的空白。泰州大桥连接中国江苏省泰州市高港区和镇江市扬中市，跨越长江和夹江，位于长江江苏江段的中部。桥梁宽度33米，全线采用双向六车道高速公路标准。

3. 高速铁路

近10年来，中国高铁在路网建设、科技创新、产业化能力等方面取得巨大成就，随着京沪高速铁路、京广高速铁路、京张高速铁路、海南环岛高铁、合肥至福州铁路等建成，中国高铁已由"四纵四横"的世界最大高铁网，发展成一张全面覆盖中西部地区的"八纵八横"高铁网。中国已具备高速铁路建设运营的产业化能力。速度最快、里程最长，中国高铁在一路领跑中不断提速升级。中国中车的高速列车装备制造能力全球第一，以中国中铁和中国铁建为代表的高速铁路建设能力也在世界首屈一指。

（1）京沪高速铁路。

全长1318千米，设计的最高速度为380千米/小时，于2011年6月30日全线正式通车。京沪高铁是一条跨度极长、施工难度极大，技术含量极高的高铁线。京沪高速铁路由北京南站至上海虹桥站，设24个车站，连接环渤海和长三角两个经济区，所经区域面积占国土面积的6.5%，人口占全国的26.7%，途经人口100万以上城市11个，是客货运输最繁忙的通道之一。京沪高铁在工程建造、高速动车组制造、列车运行控制、检测验证、建设管理等5个方面实现了重大创新，破解了超越世界长大距离高速铁路持续运行速度的重大技术难题，使中国高铁技术处于世界领先地位。通过京沪高铁的建设，我国建立健全了高铁技术体系和标准体系，推动了世界高铁技术发展。

（2）京广高速铁路。

全长2298千米，于2012年12月26日全线通车。京广高速铁路是我国"四纵四横"高速铁路的重要"一纵"，也是世界上较早的山区和长大隧道中的CRTS2型板式无砟轨道，更是当时世界上运营里程最长的高速铁路之一。京广铁路纵贯中国南北地区，途经黄河流域、长江流域和南岭山脉，在当时是施建技术难度极大的工程，需面对多种复杂地质条件以及洪水、山体崩塌灾害。在建设过程中，施工人员在时速350千米的技术等级和"重联双号"的条件下，攻克了一系列世界级难题，建立了包括牵引供电系统的稳定性、中国自主研发的接触网导线等一整套高铁技术体系，而且已经在多条高铁上得到了成功应用。京广高铁的贯通，标志着我国高速铁路建设取得了新的重大进展，成为世界上高速铁路发展最快、规模最大的国家之一，高速铁路总体技术水平进入世界先进行列。

（3）兰新高速铁路。

全长1776千米，于2014年12月全线开通运营。兰新高速铁路横跨甘肃、青海、新疆3省区，是世界上一次性建成通车里程最长的高速铁路之一。兰新高铁建设中面临着"严寒、戈壁、大风"三大世界性工程技术难题：它需连续穿越大坂山、祁连山，沿线极端最低气温达到−34.5℃，铁路尤其是隧道建成后冻害的问题将十分突出；另一方面，兰新高铁大部分穿行于干旱少雨的戈壁荒漠地区，必须要完美解决戈壁地区路基沉降控制、边坡防护、轨道结构等一系列技术难题；更大的挑战是，兰新高铁要连续经过我国几个最主要的大风区，总长度达579千米，最大风速达60米/秒，局部地段每年有200天风力在8级以上，是全球内陆风力最强劲的地区之一，而兰新高铁的速度目标值高、车体轻，大风对铁路运营的威胁要远甚于既有铁路。兰新高铁的建设成功，不但打破了我国乃至世界高海拔地区建设高速铁路的瓶颈，更填补了高铁防强风措施的空白。

（4）拉萨至日喀则铁路。

全长253千米，设计速度120千米/小时，于2014年8月16日全线竣工运营。拉萨至日喀则铁路是中国西藏自治区境内一条连接拉萨市与日喀则市的国铁Ⅰ级客货共线铁路，为青藏铁路的延伸线，也是西藏铁路网中承东启西的一条区际干线铁路，为单线非电气化铁路，是我国穿越地热区段最长、区间地热温度最高的铁路。铁路地处青藏高原腹地，呈东西走向，溯雅鲁藏布江而上，三跨雅鲁藏布江，两跨拉萨河，高海拔桥隧占比高，工程建设难度罕见。拉日铁路建设过程中提出"正交地热带、高位傍山、临江降温"选线原则，首创高地热峡谷区"空间控制法"选线技术、构建高地温隧道设计和建造技术、创新风沙路基防护技术、绿色施工建造技术等。攻克了地热温度最高、内燃机车牵引隧道最长、高海拔风沙治理等三项世界性难题。

（5）京张高速铁路。

全长174千米，于2019年12月正式开通运营，是中国第一条采用中国自主研发的北斗卫星导航系统、设计时速为350千米/小时的智能化高速铁路，也是世界上第一条最高设计时速350千米/小时的高寒、大风沙高速铁路。京张高速铁路是一条连接北京市与河北省张家口市的城际高速铁路，是2022年北京冬奥会的重要交通保障设施。同时，京张高速铁路的建设对于加快构建西北、内蒙古西部、山西北部地区快速进京客运通道具有重要意义，对增进西北地区与京津冀地区人员的交流往来，促进西北地区与京津冀地区协同发展，加快构建西北、内蒙古西部、山西北部地区快速进京客运通道，将发挥重要作用。

4. 高速公路

我国高速公路行业已进入成熟完善期，国家高速公路网基本建成，高速公路总里程位居全球第一。复杂山区公路设计成套技术、特殊地质筑路成套技术、大跨径桥梁和长大隧道的设计施工成套技术等一系列关键技术均已成熟，建设了一批跨越海湾和长江、黄河的特大跨径桥梁及长大隧道，使我国桥梁建设水平和山岭隧道修筑技术进入世界先进行列，并开始注重以人为本、重视节约用地和与环境协调的设计理念，建成了一批生态示范路。经过不断探索和实践，我国的高速公路设计、施工技术等都已达到或接近世界先进水平。

（1）北京-乌鲁木齐高速公路。

全长2768千米，于2021年6月30日全线建成通车，是当时世界上最长的沙漠高速公路之一，也是"一带一路"标志性工程。北京-乌鲁木齐高速公路是连接首都北京和新疆乌鲁木齐的高速公路，需要经过沙漠、戈壁、雪地和高原高山，有近500千米路段为无人区，施工难度极大。作为新的出疆陆路大通道，北京-乌鲁木齐高速公路的建成使新疆至北京公路里程缩短1000多千米，可显著节约运输成本；同时也将进一步加强我国北方地区东、中、西部的联系，更好地服务"一带一路"建设和西部大开发战略，促进中蒙经济文化往来，巩固边防，维护民族团结，促进沿线经济社会协调发展。

（2）雅安-西昌高速公路。

全长240千米，于2012年4月28日全线通车运营，是我国较大的亚行贷款公路建设项目，被公认是已建成国内外自然环境最恶劣、工程难度最大、科技含量最高的山区高速公路之一，被称作"云端上的高速公路"。雅安-西昌高速公路由四川盆地边缘向横断山区高地爬升，穿越大西南地质灾害频发的深山峡谷，地形险峻、地质结构极其复杂、生态环境极其脆弱，公路桥隧数量众多、规模庞大，设九处互通式立交；全线桥梁266座，隧道25座，桥隧比为54.3%；全线有特大桥12座，特长隧道4座，其中最高桥墩高达198米。在世界上首次采用全钢管混凝土桁架桥梁和钢管格构桥墩，最长连续梁为1044.7米，最高桥墩达107米，在世界同类型桥梁中排名第一。大桥主体结构全部采用钢纤维混凝土，这在世界桥梁建设史上也属首例。被交通运输部列为我国西部山区桥梁建设的科技典型示范项目。雅安-西昌高速公路的通车，使成都到西昌行车时间由9小时缩减为5小时，带动了我国主要彝族聚居区的脱贫致富，促进了民族融合，具有重要的社会经济意义。

5. 城市轨道交通

中国作为全球地铁超级大国，近10年来城市轨道交通建设进程明显加快，城市轨道交通系统的发展速度、建设规模均位居世界前列，已成为世界上城市轨道交通运营里程最长的国家。同时,随着我国第一条全自动运行的轨道交通系统—燕房线建成后,中国城市轨道装备的科技水平跻身世界一流。随着大量地铁建设,各种地质条件、各种项目难题也促进了我国盾构技术的高速发展。我国国产盾构机每年出厂台数、拥有量、盾构隧道施工里程,都位居世界前列。

(1)北京地铁燕房线。

全长14.4千米,是中国首条自主研发的全自动运行地铁线路。2017年12月30日开通主线工程;2019年12月20日,实现最高等级全自动运行,列车全过程无须人工操作;2021年成功实现无人值守的全自动运营。全自动等级达到轨道交通领域最高自动化等级(GoA4级),代表了世界领先水平,填补了国内空白。

(2)上海地铁16号线。

全长59.334千米,2014年12月全线通车,当时是在国内首次采用"单洞双线"隧道。地下段工程涉及多种类型地基加固、深基坑开挖、结构施工、泥水处理、大型泥水盾构掘进施工、隧道内结构同步施工等诸多工程问题,施工中先后创造了轨道交通领域同类型桥梁跨度最大的矮塔斜拉桥和上海市轨道交通领域首次应用矮塔斜拉桥桥型的"两项第一"。

(3)深圳地铁11号线。

全长51.936千米,2016年6月28日开通运营,首次建立了轨道交通120千米/小时快线成套技术标准体系。深圳地铁1号线工程是我国大陆地区首条采用头等车+普通车编组(2+6)、时速120千米,并兼顾机场功能的快线。创新性地提出6+2混合编组列车、长站台、大区间、适应120千米/小时运营速度的7米直径大断面盾构隧道设计;首次引入高铁CPⅢ控制测量网和精调技术、桁架双块式轨枕、橡胶弹簧浮置板道床技术、道床吸声板和钢轨吸振器等综合减振降噪技术。攻克了填海区邻近既有运营地铁线路深大基坑变形控制难题。综合运用淤泥锁定加固、ECR渗漏检测、支撑自动补偿、矮支架盖挖逆作法等技术,解决了填海复杂软弱富水地层中长大基坑稳定和运营线变形控制难题。采用"地铁域空间"建设理念,通过上盖物业、地下空间综合开发同步规划、同步设计、同步建设,提高了城市土地集约化利用,同时解决了地质条件复杂、有跨海及穿越填海区地段的建设难题。

6.机场

近10年来,我国民航发展迅速,共新建、迁建运输机场共82个,现机场总数达到250个,机场网络初步形成。依托重大工程项目,机场建设在机场规划与运行的计算机仿真技术、规划辅助决策支持系统、场道沥青关键技术、道面检测技术、复杂岩土工程技术、工程材料技术、绿色机场等关键技术、集成技术和创新性技术的研究上取得了可喜成果。

我国率先在世界上提出了绿色机场理念，积极引入先进国家的绿色机场建设技术与经验，初步构建了绿色机场建设标准体系框架，形成了行业首批绿色机场标准。相关成果已应用于昆明新机场、北京新机场、成都新机场、青岛新机场等，并为我国"十三五"绿色机场建设提供标准指导和技术支撑。同时，深入研究了"四型机场（平安机场、绿色机场、智慧机场、人文机场）"的内涵、外延、关键指标（体系）、落地举措等，已应用于北京大兴机场工程实践中。

（1）北京大兴国际机场。

为4F级国际机场、世界级航空枢纽、国家发展新动力源，2019年9月正式通航。大兴机场定位为"大型国际枢纽机场"，在机场内部实现了公路、轨道交通、高速铁路、城际铁路等不同运输方式的立体换乘、无缝衔接，在外部配套建设了五纵两横的交通网络，是服务京津冀协同发展的全世界规模最大的一体化综合交通枢纽。北京大兴国际机场开展绿色机场顶层设计，统筹兼顾全过程绿色管控和全要素绿色提质。全面推行绿色建筑，建造首个同时实现绿色建筑三星级、节能建筑3A级航站楼；首创国内全向跑道构型；拥有全球最大的地源热泵集中供能项目，并创新性地采用地井式地面专用空调；建设全国首个机场环境管理信息系统，同时配备除冰液回收与再生系统及车辆尾气监测线，成为资源节约、环境友好的绿色示范样板，有力引领了绿色机场建设。北京大兴国际机场航站楼是世界首个实现高铁下穿的航站楼，双层出发车道边世界首创，有效保证了旅客进出机场效率。机场跑道在国内首次采用"全向型"布局，在航空器地面引导、低能见度条件运行等多方面运用世界领先航行新技术，确保了运行效率和品质。

（2）成都天府国际机场。

为4F级国际机场、国际航空枢纽、丝绸之路经济带中等级最高的航空港之一、成都国际航空枢纽的主枢纽，2021年6月正式通航。天府国际机场单元式候机楼构型在国内首次采用，设计创新采用"手拉手"方式连接，便于设置更多近机位，实现乘客快捷快速登机。天府国际机场是国家规划建设的综合交通枢纽重大示范工程，航站楼将建成集多种交通方式为一体的综合交通枢纽，将绿色机场理念贯穿于整个建设过程，有效提高了土地的生态利用价值，采用海绵城市的设计，100%执行绿色建筑标准，办公区和辅助设施工程均获得国家绿色建筑三星设计标识认证，采用光伏发电最大限度实现机场内部的低碳节能和可持续发展，运用个人定位系统、行李追踪、生物技术识别等互联网、物联网、大数据技术为旅客提供智能化一站式服务，不仅为绿色机场的建设理念赋予更智能、完善的内涵，也为未来国内绿色机场发展提供了新思路。

7. 港口码头

（1）上海洋山港。

港区规划总面积超过25平方千米，截至2018年，洋山港成为全球最大的智能集装箱码头。工程总投资超过千亿元，其中2/3为填海工程投资，2005年12月10日开港。洋山深水港开港的建成，为加快确立东北亚国际航运中心地位，推进我国由航运大国迈向航运强国，创造了更好的基础和条件，对我国积极参与国际经济竞争，增强国家综合竞争力，具有十分重大的战略意义。

（2）浙江宁波港。

2019年完成货物吞吐量11.2亿吨，连续11年居全球港口第一；完成集装箱吞吐量2753万标准箱，蝉联全球第三。位于我国沿海和长江T形结构交汇处、面朝太平洋主航道，是全球供应链节点，共有北仑、洋山、六横等19个港区，现有生产性泊位309座，其中万吨级以上深水泊位60座。宁波港集内河港、河口港、海港于一体，年可作业天数在350天左右，核心港区主航道水深22.5米以上，已与世界上100多个国家和地区的600多个港口通航。宁波舟山港在共建"一带一路"、长江经济带发展、长三角一体化发展等国家战略中具有重要地位，是"硬核"力量。

此外，还有500米口径球面射电望远镜（FAST）、北京冬奥场馆等工程，均是举世瞩目的重大工程。

1.2.2 代表性工程获奖情况

近年来，我国建造的重大工程，屡屡在国内、国际获奖，见表1-1，不仅扩大了我国工程建造的影响力与知名度，同时也为其他建设工程实施起到了引领示范作用。

代表性工程获奖情况 表1-1

工程名称	奖项（认证）/授予机构（年度）
上海环球金融中心	2008年度最佳高层建筑/世界高层建筑与都市人居学会（2008） 第16届全球高层建筑奖之"十年特别奖"/世界高层建筑与都市人居学会（2018） LEED铂金级绿色建筑认证/美国绿色建筑委员会（2018）
胶州湾大桥	全球最棒桥梁/美国《福布斯》（2011） 乔治·理查德森奖/第30届国际桥梁大会（2013）（被誉为桥梁界的诺贝尔奖）

续表

工程名称	奖项（认证）/授予机构（年度）
深圳京基100大厦	安玻利斯（Emporis）摩天大楼奖（2012） LEED金级绿色建筑认证/美国绿色建筑委员会（2013）
泰州大桥	英国卓越结构工程大奖/英国结构工程师学会（2013） 杰出结构工程大奖/国际桥协及结构工程学会（2014） 工程项目优秀奖/国际咨询工程师联合会（FIDIC）（2014）
深圳平安国际金融中心	LEED金级绿色建筑认证、中国绿色建筑三星认证（2017）
望京SOHO	安波利斯（Emporis）最佳摩天大楼奖（2014）
港珠澳大桥	全球最佳桥隧项目奖/美国工程新闻纪录（ENR）（2018） 2018年度重大工程奖/国际隧道协会（2018） 2018年度隧道工程奖（10亿美元以上）/英国土木工程师学会期刊《NEW CIVIL ENGINEER》（2018） 2020年国际桥梁大会超级工程奖（2020） Ugo Guerrera Prize奖/国际焊接学会（2022）
北京大兴国际机场航站楼及停车场	中国绿色建筑三星认证和节能3A级建筑认证（2018）
北盘江大桥	古斯塔夫斯金奖/第35届国际桥梁大会（2018） 世界最高桥/吉尼斯世界纪录（2018）
上海中心大厦	BOMA全球创新大奖（2019）
北京中信大厦	400米及以上最佳高层建筑杰出奖/世界高层建筑与都市人居学会（2019） 400米及以上最佳结构工程杰出奖/世界高层建筑与都市人居学会（2019）

第 2 章

工程监理
行业发展现状

自1988年我国开始推行工程监理制度以来，相关法律法规及标准不断完善，工程监理企业及队伍持续增加，工程监理企业经营业务不断增长，工程监理行业取得长足发展。本章所用数据来自历年全国建设工程监理统计公报，不包括交通、水利等行业工程监理企业及人员状况。

2.1 工程监理相关法律法规及标准建设

2.1.1 相关法律法规及政策

1998年3月1日开始实施的《中华人民共和国建筑法》明确规定"国家推行建筑工程监理制度"，从此确立了工程监理的法律地位。此后，工程监理相关法律法规、部门规章及政策性文件陆续发布实施，不仅为工程监理制度的实施提供了法律保障，而且逐步规范了工程监理内容和行为，为工程监理持续健康发展指明了方向。

1. 相关法律法规

尽管尚未有专门的工程监理法律法规，但相关法律法规明确了工程监理的法律地位、主要工作内容和法律责任。工程监理相关法律法规见表2-1。

工程监理相关法律法规 表2-1

序号	法律法规名称	文号	施行日期	涉及工程监理核心要点
1	中华人民共和国刑法	全国人民代表大会常务委员会委员长令第五号	1980.01.01（2020.12.26最新修正）	明确工程监理单位及直接责任人违法的刑事责任
2	中华人民共和国建筑法	国家主席令第91号	1998.03.01（2019.04.23最新修正）	明确规定：国家推行建筑工程监理制度。同时，明确了工程监理的基本含义、工作内容和法律责任
3	中华人民共和国民法典	国家主席令第45号	2021.01.01	对合同的订立、效力、履行、保全、变更和转让、权利义务终止和违约责任作出规定，并将委托合同作为典型合同作出规定
4	中华人民共和国招标投标法	国家主席令第21号	2000.01.01（2017.12.27修正）	明确要求在中华人民共和国境内进行下列工程建设项目的监理，必须进行招标：①大型基础设施、公用事业等关系社会公共利益、公众安全的项目。②全部或者部分使用国有资金投资或者国家融资的项目。③使用国际组织或者外国政府贷款、援助资金的项目

续表

序号	法律法规名称	文号	施行日期	涉及工程监理核心要点
5	中华人民共和国安全生产法	国家主席令第88号	2002.11.01（2021.06.10最新修正）	明确了生产经营单位的安全生产保障和从业人员的安全生产权利义务，以及生产安全事故的应急救援与调查处理，为工程监理单位监督施工单位的安全生产行为提供了法律依据
6	建设工程质量管理条例	国务院令第279号	2000.01.30（2019.04.23最新修正）	明确了实施工程监理的工程范围，工程监理单位的质量责任和义务，以及工程监理及监理工程师违反《建设工程质量管理条例》的法律责任
7	建设工程安全生产管理条例	国务院令第393号	2004.02.01	明确了工程监理单位的安全责任，生产安全事故的应急救援和调查处理，以及工程监理单位及注册执业人员违反《建设工程安全生产管理条例》的法律责任
8	中华人民共和国招标投标法实施条例	国务院令第613号、第676号、第698号、第709号	2012.02.01（2019.03.02最新修正）	明确了招标、投标、开标、评标和中标的要求，投诉与处理，以及违反《中华人民共和国招标投标法实施条例》的法律责任
9	生产安全事故报告和调查处理条例	国务院令第493号	2007.06.01	明确了生产安全事故等级划分标准，事故报告、调查和处理要求，以及违反《生产安全事故报告和调查处理条例》的法律责任

2. 相关部门规章

工程监理相关部门规章见表2-2。

工程监理相关部门规章表　　　　　　　　　　　　　　　表2-2

序号	部门规章名称	文号	施行日期	涉及工程监理核心要点
1	建设工程监理范围和规模标准规定	建设部令第86号	2001.01.17	细化了《建设工程质量管理条例》中明确的必须实施工程监理的工程对象
2	注册监理工程师管理规定	建设部令第147号	2006.04.01	规定了监理工程师的注册、执业、继续教育，以及注册监理工程师的权利、义务和法律责任
3	工程监理企业资质管理规定	建设部令第158号	2007.08.01	规定了工程监理企业资质等级、业务范围，以及资质申请及审批流程、监督管理和法律责任
4	必须招标的工程项目规定	国家发展和改革委员会令第16号	2018.06.01	明确了必须招标的监理服务项目范围及单项合同估算价最低线
5	危险性较大的分部分项工程安全管理规定	住房城乡建设部令第37号	2018.06.01	明确了工程监理单位针对危险性较大的分部分项工程的建立职责和法律责任

3. 相关政策性文件

工程监理相关政策见表2-3。

工程监理相关政策 表2-3

序号	政策名称	文号	施行日期	涉及工程监理核心要点
强化工程监理单位主体责任				
1	质量强国建设纲要	中共中央、国务院	2023.02.06	要求强化工程质量保障：全面落实各方主体的工程质量责任，强化建设单位工程质量首要责任和勘察、设计、施工、监理单位主体责任
统一全国监理工程师制度的政策				
2	监理工程师职业资格制度规定	建人规〔2020〕3号	2020.02.28	住房和城乡建设部、交通运输部、水利部、人力资源和社会保障部共同发布，规定了全国监理工程师考试、注册、执业要求及相关部门职责划分
促进工程监理企业拓展业务的政策				
3	国务院办公厅关于促进建筑业持续健康发展的意见	国办发〔2017〕19号	2017.02.14	鼓励工程监理等咨询类企业采取联合经营、并购重组等方式发展全过程工程咨询
4	关于推进全过程工程咨询服务发展的指导意见	发改投资规〔2019〕515号	2019.03.15	国家发展改革委联合住房城乡建设部印发，明确要重点培育发展投资决策综合性咨询和工程建设全过程咨询，为工程监理企业未来发展指明了方向
5	国务院办公厅转发住房城乡建设部关于完善质量保障体系提升建筑工程品质指导意见的通知	国办函〔2019〕92号	2019.09.15	提出要鼓励采取政府购买服务的方式，委托具备条件的社会力量进行工程质量监督检查和抽测，探索工程监理企业参与监管模式；还提出要创新工程监理制度，严格落实工程咨询（投资）、勘察设计、监理、造价等领域职业资格人员的质量责任
强化工程监理职责的政策（住房城乡建设领域）				
6	房屋建筑工程施工旁站监理管理办法（试行）	建市〔2002〕189号	2003.01.01	规定了房屋建筑工程实施旁站的关键部位、关键工序，旁站人员职责及应急措施等
7	关于落实建设工程安全生产监理责任的若干意见	建市〔2006〕248号	2006.10.16	规定了建设工程安全生产管理中的监理工作内容、程序及责任
8	建筑工程五方责任主体项目负责人质量终身责任追究暂行办法	建质〔2014〕124号	2014.08.25	规定了总监理工程师作为建筑工程五方责任主体项目负责人之一的工程质量终身责任
9	工程质量安全手册（试行）	建质〔2018〕95号	2018.09.21	规定了工程监理单位的质量安全行为要求，工程实体质量控制要求、安全生产现场控制要求，以及质量安全资料相关要求
10	住房和城乡建设部工程建设行政处罚裁量基准	建法规〔2019〕7号	2019.11.01	针对工程监理列明了违法行为、处罚依据、违法情节和后果、处罚标准

2.1.2 工程监理标准

除相关法律、行政法规、部门规章及政策外，工程监理标准也是工程监理的重要依据。工程监理制度实行30多年来，工程监理标准在不断完善。特别是近年来，随着标准化改革的不断深入，在中国建设监理协会的大力推动下，工程监理团体标准得到快速发展。

1. 国家标准

《建设工程监理规范》GB/T50319—2013、《核电厂建设工程监理标准》GB/T50522—2019、《设备工程监理规范》GB/T 26429—2022是用来专门规范工程监理行为的国家标准。除此之外，《中华人民共和国标准监理招标文件》和《建设工程监理合同（示范文本）》GF—2012—0202也属于国家层面的标准。

2. 行业及地方标准

（1）行业标准。

为规范专业工程监理行为，相关行业针对工程监理活动制定了行业标准。这些行业标准主要有：《铁路工程地质勘察监理规程》TB/T10403—2004、《电力建设工程监理规范》DL/T5434—2009、《水土保持工程施工监理规范》SL523—2011、《水电水利工程施工监理规范》DL/T5111—2012、《民航专业工程施工监理规范》MH5031—2015、《公路工程施工监理规范》JTG G10—2016、《铁路建设工程监理规范》TB10402—2019等。

（2）地方标准。

多数省市为推进本地区工程监理发展，提高工程监理服务水平，颁布了工程监理地方标准。其中有代表性的部分地方标准有：北京市《建设工程监理规程》DB11 T—382—2017、上海市《建设工程施工安全监理规程》DG/TJ08—2035—2008、《天津市建设工程监理规程》DG/TJ29—131—2015、重庆市《建设工程监理工作规程》DGJ50/T—232—2016、《浙江省建设工程监理工作标准》DB33/T1104—2014等。

3. 团体标准

近年来，中国建设监理协会十分重视团体标准的编制工作，已针对专业工程监理或专项监理工作组织编制团体标准20余项。已正式发布实施的有：《建设工程监理工作标准化评价标准》T/CECS 723—2020/T/CAEC 01—2020、《装配式建筑工程监理规程》T/CAEC002—2021/T/CECS 810—2021、《化工工程监理规程》T/CAEC003—2021。还有一些团体标准正在试行或完善中，包括：《建筑工程监理工作标准》《建筑工程监理资料管理标准》《城市轨道交通工程监理工作标准》《城市道路工程监理工作标准》《市政基础设施工程监理资料管理标准》《建筑工程项目监理机构人员配备导则》《市政基础设施工程项目监理机构人员配备导则》《施工项目管理服务标准》等。

2.2 工程监理企业及从业人员规模发展

2.2.1 工程监理企业规模持续扩大

2011～2021年全国工程监理企业数量及增幅如图2-1所示。从图2-1可以看出，2011年全国工程监理企业总数6512家，之后几年平稳增加。2021年工程监理企业数量增加较快，总数达到12407家，较2011年增长90.53%。

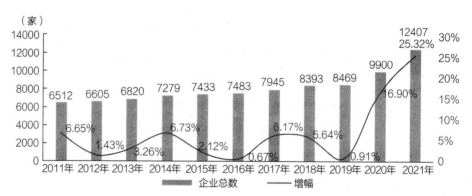

图2-1　2011～2021年全国工程监理企业数量及增幅

自2011年以来，工程监理企业发展呈现出以下特点。

1. 综合资质监理企业数量不断增加，工程监理事务所数量大幅减少

2011～2021年全国综合资质监理企业数量及增幅如图2-2所示。从图2-2可以看出，2011年以来，全国综合资质监理企业数量不断增加，已从2011年的83家增至2021年的283家，增幅达2.4倍。与此同时，工程监理事务所数量大幅减少，已从2011年的32家减至1家。

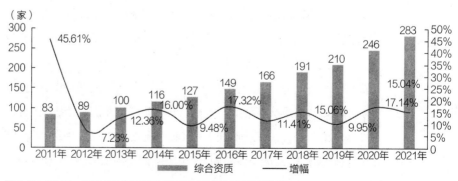

图2-2　2011～2021年全国综合资质监理企业数量及增幅

2. 甲级、乙级资质监理企业数量平稳增加，丙级资质监理企业总体减少

2011～2021年全国甲级资质监理企业数量及增幅如图2-3所示。从图2-3可以看出，2011年以来，全国甲级资质监理企业数量平稳增加（2021年增幅较大），已从2011年的2407家增至2021年的4874家，累计增长1.02倍。

图2-3　2011～2021年全国甲级资质监理企业数量及增幅

2011～2021年全国乙级资质监理企业数量及增幅如图2-4所示。从图2-4可以看出，2011年以来，全国乙级资质监理企业数量也在平稳增加（近两年增幅较大），已从2011年的2392家增至2021年的5915家，累计增长1.47倍。显然，乙级资质监理企业数量增加快于甲级资质监理企业数量增加。

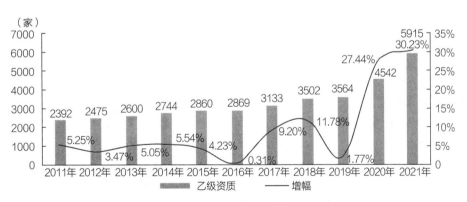

图2-4　2011～2021年全国乙级资质监理企业数量及增幅

2011～2021年全国丙级资质监理企业数量及增幅如图2-5所示。从图2-5可以看出，2011年以来，丙级资质监理企业数量变化情况与甲级、乙级资质监理企业数量变化情况不同。全国丙级资质监理企业数量尽管在近两年有所增加，但在总体上已从2011年的1598家减至2021年的1334家，累计减少16.5%。

图2-5 2011~2021年全国丙级资质监理企业数量及增幅

3. 国有监理企业占比下降，民营监理企业占比提升

2011~2021年全国工程监理企业类型分布及占比见表2-4。自2011年以来，尽管国有监理企业数量在增加，由2011年的595家增至2021年696家，但其占比已由2011年的9.14%降至2021年的5.61%。2011~2021年间，集体和股份合作形式的工程监理企业数量均有不同程度的减少，有限责任公司和股份有限公司形式的工程监理企业数量虽分别有近40%和20%的增加，但在工程监理企业总数中的占比却在下降。相比之下，民营监理企业数量在大幅增加，已由2011年的1561家增至2021年的5658家，增长2.62倍；占比也从2011年的23.97%增至2021年度45.60%，成为工程监理企业中数量最多的一类企业。2011~2021年全国工程监理企业中国有企业和民营企业占比如图2-6所示。

2011~2021年全国工程监理企业类型分布及占比（单位：家/%）　　　　表2-4

年份	国有企业	集体企业	股份合作	有限责任	股份有限	民营企业	其他类型
2011	595/9.14	49/0.75	56/0.86	3528/54.18	641/9.84	1561/23.97	82/1.26
2012	572/8.66	46/0.70	53/0.80	3478/52.66	644/9.75	1740/26.34	72/1.09
2013	597/8.75	47/0.69	46/0.67	3516/51.55	653/9.57	1879/27.55	82/1.20
2014	608/8.35	50/0.69	50/0.69	3660/50.28	687/9.44	2144/29.45	80/1.10
2015	607/8.17	46/0.62	49/0.66	4031/54.23	675/9.08	1952/26.26	73/0.98
2016	549/7.34	49/0.65	35/0.47	4196/56.07	578/7.72	1992/26.62	84/1.12
2017	554/6.97	57/0.72	31/0.39	4355/54.81	597/7.51	2258/28.42	93/1.17
2018	500/5.96	47/0.56	34/0.41	5117/60.97	370/4.41	2207/26.30	118/1.41
2019	654/7.72	47/0.55	41/0.48	3397/40.11	621/7.33	3537/41.76	172/2.03
2020	649/6.56	38/0.38	41/0.41	3966/40.06	657/6.64	4339/43.83	210/2.12
2021	696/5.61	41/0.33	49/0.39	4913/39.60	769/6.20	5658/45.60	281/2.26

图2-6 2011~2021年全国工程监理企业中国有企业和民营企业占比

4. 房屋建筑工程专业领域工程监理企业数量仍居首位，但占比在降低

2011~2021年全国工程监理企业专业领域分布见表2-5。2011~2021年中，铁路工程监理企业数量基本保持不变，冶炼工程、农林工程、港口与航道工程监理企业数量在逐步减少，其余10类工程监理企业数量均在增加。一直以来，房屋建筑工程监理企业数量居首位，从2011年的5398家增至2021年的9571家，增加了77.3%；但占比从2011年的82.89%降至2021年的77.14%，说明房屋建筑工程监理企业的同质化竞争状况有所好转。2011~2021年全国房屋建筑工程领域监理企业占比如图2-7所示。

2011~2021年全国工程监理企业专业领域分布（单位：家）　表2-5

年份	2011	2012	2013	2014	2015	2016	2017	2018	2019	2020	2021
房屋建筑工程	5398	5465	5621	5941	6121	6109	6394	6610	6572	7658	9571
市政公用工程	376	413	425	503	483	516	616	729	783	1008	1460
电力工程	195	209	216	249	277	293	341	376	390	415	483
化工石油工程	134	138	147	151	145	148	140	137	138	151	149
水利水电工程	76	78	76	81	77	78	89	111	105	122	151
公路工程	27	26	29	33	27	24	28	39	63	85	79
铁路工程	54	53	53	47	54	53	51	51	53	58	54
通信工程	15	15	15	15	12	18	29	47	49	50	60
矿山工程	31	30	37	40	31	31	33	39	43	37	45

续表

年份	2011	2012	2013	2014	2015	2016	2017	2018	2019	2020	2021
冶炼工程	52	47	39	34	28	20	19	22	24	25	23
农林工程	20	19	21	23	23	20	17	16	17	18	16
机电安装工程	3	3	3	3	3	3	2	1	4	10	13
航天航空工程	6	6	6	6	7	7	7	8	8	8	10
港口与航道工程	10	10	10	10	9	9	9	6	8	7	9

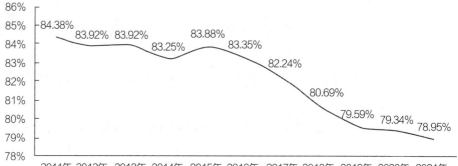

图2-7　2011～2021年全国房屋建筑工程领域监理企业占比

从地区分布看，福建省、浙江省、江苏省、安徽省、广东省等地工程监理企业数量最多，北京市、四川省、河南省、浙江省、山东省、广东省等地具有综合资质的工程监理企业数量最多。青海省、贵州省、海南省、宁夏回族自治区等地工程监理企业数量最少，且内蒙古自治区、西藏自治区、青海省、海南省尚未有综合资质监理企业。

2.2.2　工程监理从业人员队伍不断壮大

2011～2021年全国工程监理从业人员数量及增幅如图2-8所示。从图2-8可

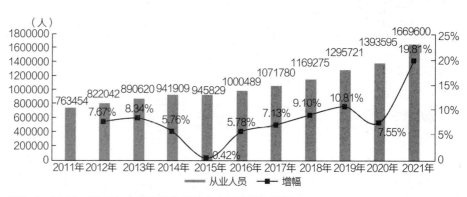

图2-8　2011～2021年全国工程监理从业人员数量及增幅

以看出，2011年工程监理从业人员数量为76万多人，此后持续增长，至2021年底增为166.96万人，较2011年增长1.19倍。特别是2021年，工程监理从业人员增幅创新高。

自2011年以来，工程监理从业人员变化呈现出以下特点。

1. 工程监理企业正式聘用人员总数在增加，但占比在减少

2011～2021年全国工程监理企业正式聘用人员数量及增幅如图2-9所示。从图2-9可以看出，截至2021年底全国工程监理企业正式聘用人员数量为109.84万人，与2011年的59.33万人相比，累计增长85.14%。但工程监理企业正式聘用人数占从业人员总数的比例却从2011年的77.71%降至2021年的65.79%。2011～2021年全国工程监理企业正式聘用人员数量占从业人员总数比例如图2-10所示。

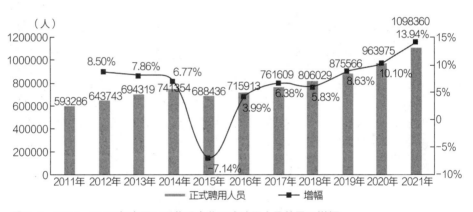

图2-9　2011～2021年全国工程监理企业正式聘用人员数量及增幅

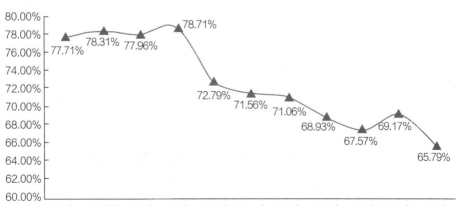

图2-10　2011～2021年全国工程监理企业正式聘用人员数量占从业人员总数比例

2. 工程监理企业30岁以下从业人员总数在增加，但占比也在下降

2011～2021年全国工程监理企业30岁以下从业人员数量及增幅如图2-11所示。从图2-11可以看出，2021年工程监理企业30岁以下从业人员39.33万人，与2011年的21.37万人相比，累计增长84.06%。但工程监理企业30岁以下从业人员数量占从业人员总数的比例却从2011年的27.99%下降至2021年的23.56%。2011～2021年全国工程监理企业30岁以下从业人员数量占从业人员总数比例如图2-12所示。

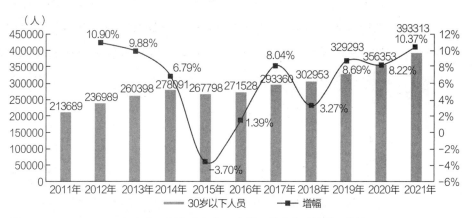

图2-11　2011～2021年全国工程监理企业30岁以下从业人员数量及增幅

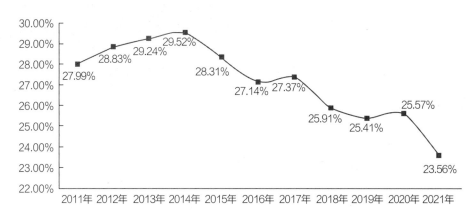

图2-12　2011～2021年全国工程监理企业30岁以下从业人员数量占从业人员总数比例

3. 工程监理企业中监理人员总数在增加，但占比也在下降

2011～2021年全国工程监理企业中监理人员数量及增幅如图2-13所示。从图2-13可以看出，工程监理企业中监理人员数量从2011年的58.29万人增至2021年的86.26万人，累计增长47.99%。但工程监理企业中监理人员数量占从业人员

总数比例却从2011年的76.35%降至2021年的51.67%。这从侧面反映出工程监理企业的非监理业务占比在增加。2011～2021年全国工程监理企业中监理人员数量占从业人员总数比例如图2-14所示。

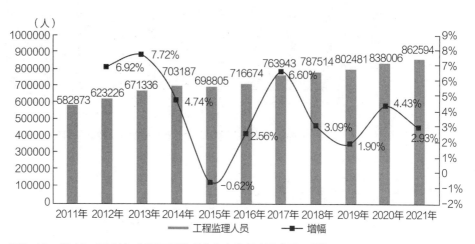

图2-13 2011～2021年全国工程监理企业中监理人员数量及增幅

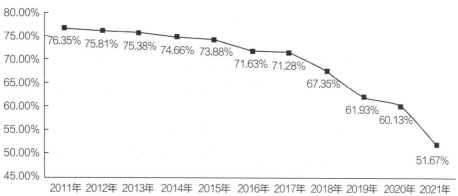

图2-14 2011～2021年全国工程监理企业中监理人员数量占从业人员总数比例

4. 工程监理企业中专业技术人员总数在增加，但占比也在下降

2011～2021年全国工程监理企业专业技术人员数量及增幅如图2-15所示。从图2-15可以看出，工程监理企业专业技术人员数量从2011年的68.24万人增至2021年的111.50万人，累计增长63.39%。但工程监理企业专业技术人员数量占从业人员总数比例却从2011年的89.39%降至2021年的66.78%。这从侧面反映出工程监理业务的技术含量在不断降低。2011～2021年全国工程监理企业专业技术人员数量占从业人员总数比例如图2-16所示。

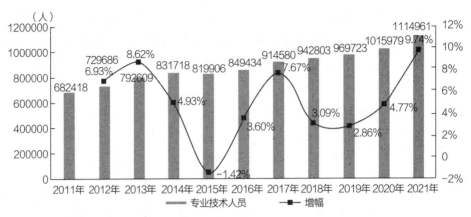

图2-15　2011~2021年全国工程监理企业专业技术人员数量及增幅

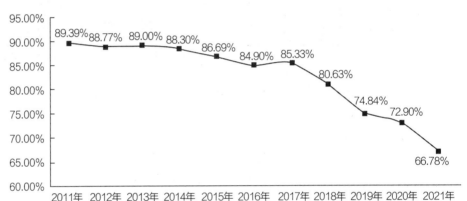

图2-16　2011~2021年全国工程监理企业专业技术人员数量占从业人员总数比例

2011~2021年全国工程监理企业专业技术人员分布情况见表2-6。由此可见，2011年以来工程监理企业专业技术人员中高级职称人员所占比例基本处于平稳状态。

2011~2021年全国工程监理企业专业技术人员分布情况（单位：人）　　表2-6

年份	专业技术人员	高级职称	中级职称	初级职称	其他人员	高级职称占专业技术人员比例
2011	682418	105889	309382	175672	91475	15.52%
2012	729686	111400	328939	188048	101299	15.27%
2013	792609	118991	353867	201353	118398	15.01%
2014	831718	122065	369454	212486	127713	14.68%
2015	819906	122825	359231	205445	132405	14.98%
2016	849434	129695	371948	214107	138890	15.27%

续表

年份	专业技术人员	高级职称	中级职称	初级职称	其他人员	高级职称占专业技术人员比例
2017	914580	138388	397839	223258	155095	15.13%
2018	942803	143263	404455	223297	171788	15.20%
2019	969723	153065	414660	227326	174672	15.78%
2020	1015979	164237	428100	227589	196053	16.17%
2021	1114961	188262	463170	246674	216855	16.89%

5. 工程监理企业注册执业人员不断增多，注册监理工程师占比稳步提升

2011～2021年全国工程监理企业注册执业人员数量及增幅如图2-17所示。从图2-17可以看出，全国工程监理企业注册执业人员数量已从2011年的15.85万人增至2021年的51.00万人，累计增长2.22倍。

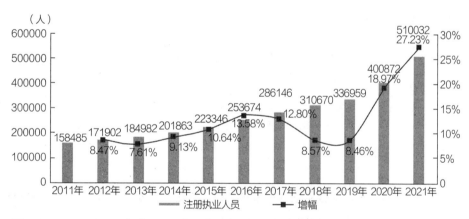

图2-17 2011～2021年全国工程监理企业注册执业人员数量及增幅

与此同时，全国工程监理企业注册监理工程师数量也从2011年的11.17万人增至2021年的25.55万人，累计增长1.29倍。2011～2021年全国工程监理企业注册监理工程师数量及增幅如图2-18所示。

2011～2021年注册监理工程师在监理人员及注册执业人员中的比例如图2-19所示。从图2-19可以看出，工程监理企业注册监理工程师占监理人员的比例从2011年的19.16%增至2021年的29.62%，但是占工程监理企业注册执业人员的比例却从2011年的70.46%逐年降至2021年的50.09%。这也从另一侧面反映出工程监理企业的监理业务占比在逐年下降。

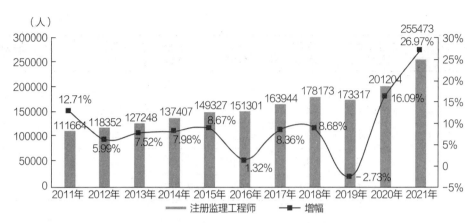

图2-18 2011~2021年全国工程监理企业注册监理工程师数量及增幅

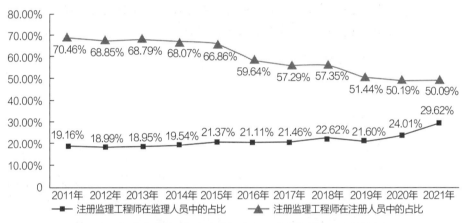

图2-19 2011~2021年注册监理工程师在监理人员及注册执业人员中的比例

6. 工程监理人员在粤、苏、浙等地最多，在琼、藏、青等地增速最快

2021年全国各地工程监理人员数量分布及增速如图2-20所示。从图2-20可以看出，工程监理人员数量最多、排名前三位的地区是广东省、江苏省和浙江省，分别有84382人、73566人和64529人，分别占2021年全国工程监理人员总数的9.79%、8.53%和7.48%。工程监理人员数量超过5万人的还有北京市、山东省和四川省。工程监理人员在2021年增速最快的地区是海南省、西藏自治区、青海省，与2020年相比，同比增长率分别为20.48%、18.29%和13.88%。此外，同比增长率超过10%的地区还有安徽省（11.85%）和吉林省（11.61%）。与此同时，2021年全国还有13个省市工程监理人员负增长，其中同比减幅最大的依次为贵州省（15.51%）、甘肃省（11.53%）、内蒙古自治区（7.49%）、天津市（5.27%）和云南省（4.79%）。

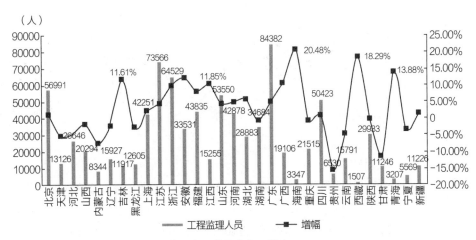

图2-20 2021年全国各地工程监理人员数量分布及增速

7. 专业技术人员在粤、浙、苏等地最多，在辽、宁、津等地占比最高

2021年全国各地工程监理企业专业技术人员数量及增幅如图2-21所示。从图2-21可以看出，工程监理企业专业技术人员数量最多、排名前三位的地区是广东省、浙江省和江苏省，分别有105260人、95160人和91368人，分别占2021年全国工程监理企业专业技术人员总数的9.44%、8.53%和8.19%。此外，工程监理企业专业技术人员数量较多的地区还有北京市（85030人）、山东省（71516人）、四川省（63715人）和福建省（61165人）。工程监理企业专业技术人员在2021年增幅最大的地区是浙江省、湖北省、安徽省、吉林省和江西省，这些地区2021年的同比增长率分别为34.28%、27.97%、20.73%、16.95%和15.24%。

2021年全国各地工程监理企业专业技术人员占从业人员比例如图2-22所示，

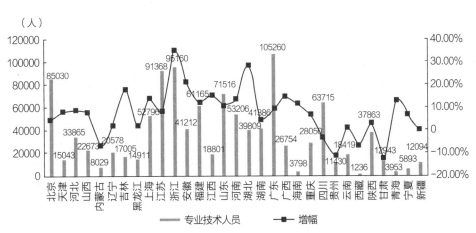

图2-21 2021年全国各地工程监理企业专业技术人员数量及增幅

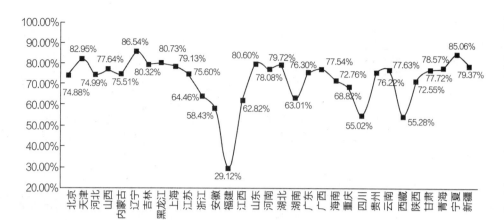

图2-22　2021年全国各地工程监理企业专业技术人员占从业人员比例

其中占比最高的地区依次为辽宁省（86.54%）、宁夏回族自治区（85.06%）、天津市（82.95%）、黑龙江省（80.73%）和山东省（80.60%），占比较低的地区是福建省（29.12%）、四川省（55.02%）、西藏自治区（55.28%）、安徽省（58.43%）和江西省（62.82%）。

8. 注册监理工程师在苏、浙、粤等地最多，在藏、苏、浙等地占比最高

2021年全国各地注册监理工程师数量及增幅如图2-23所示。从图2-23可以看出，注册监理工程师数量最多、排名前三位的地区是江苏省、浙江省和广东省，分别有27286人、23281人和21973人，分别占2021年全国注册监理工程师总数的10.68%、9.11%和8.60%。此外，注册监理工程师较多的地区还有山东省（17879人）和四川省（17743人）。2021年注册监理工程师增幅最快的地区依次是青海省、重庆市、江西省、安徽省和福建省，这些地区的同比增长率分别为46.47%、40.06%、39.97%、36.97%和28.92%。

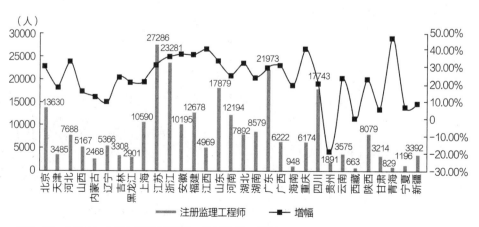

图2-23　2021年全国各地注册监理工程师数量及增幅

2021年全国各地注册监理工程师占工程监理从业人员比例如图2-24所示。从图2-24可以看出，2021年注册监理工程师占工程监理从业人员比例最高的地区依次为西藏自治区、江苏省、浙江省，占比分别为43.99%、37.09%和36.08%。此外，四川省和辽宁省的占比也相对较高，分别为35.19%和33.69%。注册监理工程师占工程监理从业人员比例最低的地区依次为宁夏回族自治区（21.48%）、云南省（22.64%）、黑龙江省（23.01%）、北京市（23.92%）和湖南省（24.73%）。

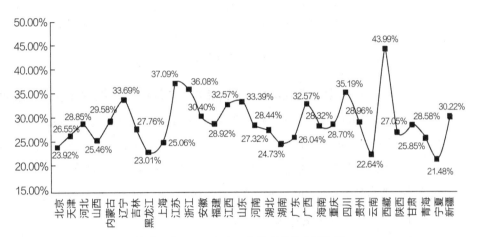

图2-24　2021年全国各地注册监理工程师占工程监理从业人员比例

2.3 工程监理企业业务承揽及经营收入

随着我国固定资产投资的增加和工程建设规模的增大，全国工程监理企业数量在不断增加，工程监理队伍在不断壮大，全国工程监理企业的业务领域也在不断拓展，经营收入也在持续增长。

2.3.1　承揽合同额

2011～2021年全国工程监理企业承揽合同额及增幅如图2-25所示。从图2-25可以看出，2011～2021年间全国工程监理企业承揽合同额快速增长，已从2011年1421.93亿元增至2021年的12491.65亿元，累计增长8.78倍，增长速度远高于工程监理企业数量及工程监理从业人员的增长速度。

进一步分析工程监理企业承揽合同额，呈现出以下特点。

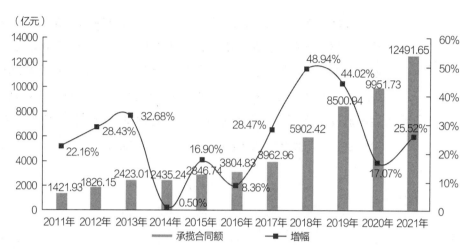

图2-25　2011～2021年全国工程监理企业承揽合同额及增幅

1. 工程监理合同额有下降趋势，在承揽合同总额中的占比下滑明显

2011～2021年全国工程监理企业监理合同额及增幅如图2-26所示。从图2-26可以看出，尽管全国工程监理企业监理合同额从2011年的920.41亿元增至2021年的2103.88亿元，累计增长1.28倍。但从2021年开始出现负增长。这虽然可能与新冠疫情有关，但从2017年以来工程监理合同额增速放缓，与工程监理企业数量的快速增加是极不相称的。

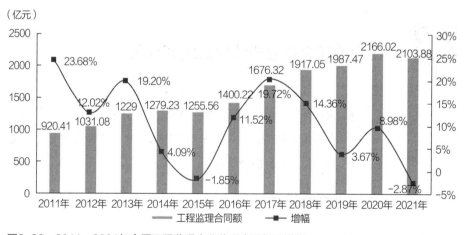

图2-26　2011～2021年全国工程监理企业监理合同额及增幅

2011～2021年工程监理合同额占工程监理企业承揽合同总额比例如图2-27所示。从图2-27可以看出，2011年以来，工程监理合同额占工程监理企业承揽合同总额的比例在逐年下滑，已从2011年的64.73%下滑至2021年的16.84%。这

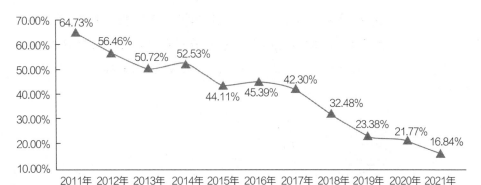

图2-27　2011~2021年工程监理合同额占工程监理企业承揽合同总额比例

一方面说明工程监理企业的经营业务在不断多元化，同时也说明有些拥有工程监理资质的企业主营业务已不是工程监理。

2. 粤、苏、浙等地工程监理合同额最高，西部地区监理合同额占比最高

2021年全国各地工程监理合同额及增幅如图2-28所示。从图2-28可以看出，2021年工程监理合同额最高的地区有广东省、江苏省、浙江省，工程监理合同额分别为253.93亿元、187.98亿元和163.08亿元，分别占全国工程监理合同的比例为12.07%、8.93%和7.75%。此外，工程监理合同额较高的地区还有北京市（158.80亿元）和四川省（145.28亿元）。

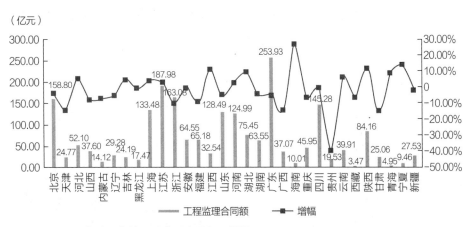

图2-28　2021年全国各地工程监理合同额及增幅

2021年全国各地工程监理企业监理合同额占承揽合同总额比例如图2-29所示。从图2-29可以看出，西部地区多数省份工程监理合同额占工程监理企业承

揽合同总额的比例高。其中，比例最高的地区依次是内蒙古自治区、宁夏回族自治区和新疆维吾尔自治区，占比分别为90.13%、78.77%和65.60%。此外，海南省（61.46%）和甘肃省（59.11%）的占比也比较高。

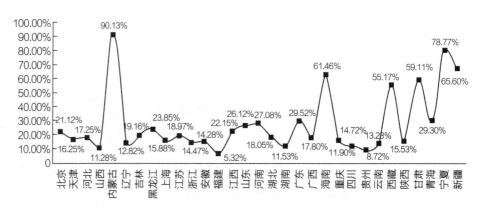

图2-29　2021年全国各地工程监理企业监理合同额占承揽合同总额比例

工程监理企业监理合同额占承揽合同总额比例最低的地区依次为福建省（5.32%）、贵州省（8.72%）、陕西省（11.28%）、湖南省（11.53%）和四川省（11.90%）。

2.3.2　经营收入

2011～2021年全国工程监理企业经营收入及增幅如图2-30所示。从图2-30可以看出，2011～2021年间全国工程监理企业经营收入快速增长，已从2011年

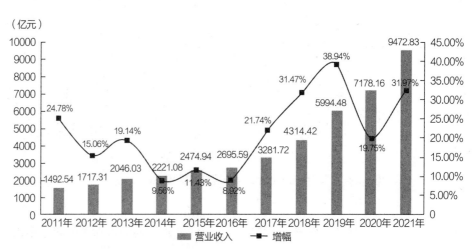

图2-30　2011～2021年全国工程监理企业经营收入及增幅

1492.54亿元增至2021年的9472.83亿元，累计增长5.35倍，增长速度大大超过工程监理企业数量及工程监理从业人员的增长速度。

进一步分析工程监理企业经营收入，呈现出以下特点。

1. 工程监理业务收入增速减缓，在经营收入中的占比在逐年下降

2011～2021年全国工程监理企业监理业务收入及增幅如图2-31所示。从图2-31可以看出，全国工程监理企业监理业务收入从2011年的666.28亿元增至2021年的1720.33亿元，累计增长1.58倍。但从2013年以来，工程监理业务收入增速减缓。

2011～2021年全国工程监理企业监理业务收入占经营收入比例如图2-32所示。从图2-32可以看出，2011年以来全国工程监理企业监理业务收入占经营收入比例在逐年下降，已从2011年的44.64%下降至2021年的18.16%。这一方面反映出工程监理收费低，另一方面也说明多数工程监理企业的经营业务多元化。

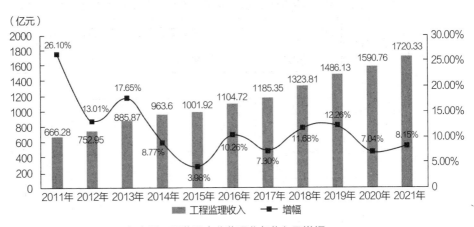

图2-31　2011～2021年全国工程监理企业监理业务收入及增幅

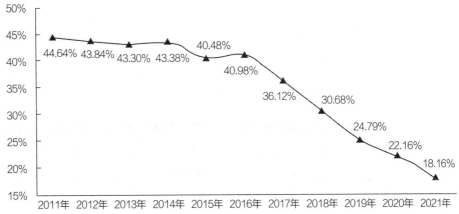

图2-32　2011～2021年全国工程监理企业监理业务收入占经营收入比例

2. 规模企业数量明显增多，头部企业监理业务收入不断增长

2011～2021年全国工程监理业务年收入1亿元以上企业数量见表2-7。从表2-7可以看出，2011年全国工程监理业务年收入1亿元以上的企业有77家，且多数企业监理业务年收入在3亿元以下。2021年全国工程监理业务年收入1亿元以上的企业增至295家，与2011年相比累计增长2.83倍。10余年来，不仅是规模企业数量明显增多，而且这些头部企业监理业务年收入也在不断增长。2011年工程监理企业监理业务年收入均未超过5亿元，其中工程监理业务年收入在3～5亿元的企业只有4家。截至2021年，工程监理业务年收入在3～5亿元的企业已达27家，还有5家企业工程监理业务年收入超过8亿元，9家企业工程监理业务年收入在5～8亿元之间。

2011～2021年全国工程监理业务年收入1亿元以上企业数量（单位：家）　表2-7

年份	工程监理业务收入M（亿元）			
	M≥8	8>M≥5	5>M≥3	3>M≥1
2011	0	0	4	73
2012	0	0	5	79
2013	0	1	4	111
2014	1	1	7	122
2015	0	2	9	120
2016	0	4	14	137
2017	0	5	15	154
2018	1	5	15	194
2019	3	5	22	221
2020	4	6	30	230
2021	5	9	27	254

3. 工程监理业务收入粤、苏、浙等地最高，西部地区占经营收入比例最高

2021年全国各地工程监理企业监理业务收入及增幅如图2-33所示。从图2-33可以看出，广东省、江苏省和浙江省工程监理企业监理业务收入最高，分别为193.63亿元、151.44亿元和146.62亿元，分别占全国工程监理业务收入的11.26%、8.80%和8.52%。此外，北京市、上海市工程监理业务收入也比较高。

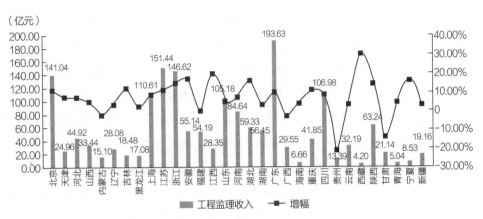

图2-33　2021年全国各地工程监理企业监理业务收入及增幅

2021年全国各地工程监理企业监理业务收入占经营收入比例如图2-34所示。从图2-34可以看出，工程监理业务收入占工程监理企业经营收入比例最高的地区是内蒙古自治区、宁夏回族自治区和西藏自治区，占比分别为91.08%、76.14%和63.20%。此外，甘肃省（50.44%）和青海省（38.67%）的占比也比较高。工程监理业务收入占工程监理企业经营收入比例最低的地区分别是福建省（5.51%）、贵州省（10.41%）、安徽省（13.99%）、四川省（14.36%）和辽宁省（14.89%）。这同样也说明这些地区的工程监理企业经营业务多元化程度较高，或工程监理取费不高。

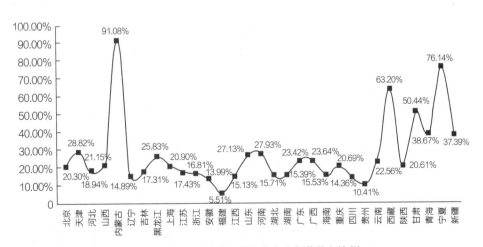

图2-34　2021年全国各地工程监理企业监理业务收入占经营收入比例

4. 工程监理企业人均监理产值逐年增加，不同地区间存在较大差异

2011～2021年全国工程监理企业人均监理产值及增幅如图2-35所示。从

图2-35可以看出，全国工程监理企业人均监理产值逐年增加，已从2011年的11.43万元/人增至2021年的19.94万元/人，累计增长74.45%。

2021年全国各地工程监理企业人均监理产值及增幅如图2-36所示。从图2-36可以看出，全国各地工程监理企业人均监理产值存在较大差异。西藏自治区、上海市、北京市、广东省、浙江省人均监理产值相对较高，分别为27.90万元/人、26.18万元/人、24.75万元/人、22.95万元/人和22.72万元/人。工程监理企业人均监理产值较低的地区有福建省（12.36万元/人）、黑龙江省（13.55万元/人）、宁夏回族自治区（15.32万元/人）、广西壮族自治区（15.47万元/人）和吉林省（15.51万元/人）。

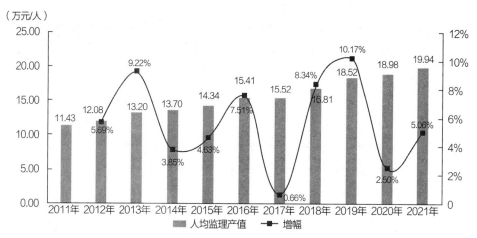

图2-35　2011～2021年全国工程监理企业人均监理产值及增幅

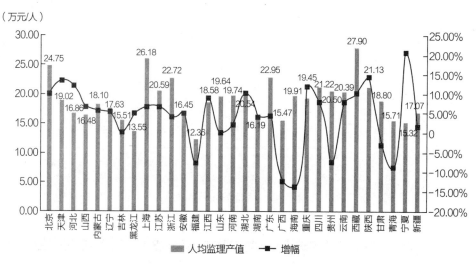

图2-36　2021年全国各地工程监理企业人均监理产值及增幅

2.3.3 取费及利润

2011年以来，全国工程监理服务取费及利润呈现出以下特点。

1. 工程监理费率整体呈下滑态势，不同地区间存在一定差异

2011～2021年全国工程监理费率（监理合同额/监理项目投资额）如图2-37所示。从图2-37可以看出，2011年以来全国工程监理费率在波动中呈下滑态势，特别是2019年以来有较大幅度下降。

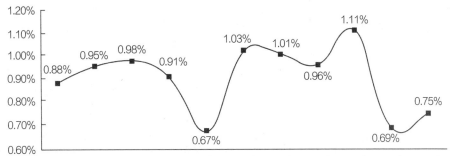

图2-37　2011～2021年全国工程监理费率（监理合同额/监理项目投资额）

2021年全国各地工程监理费率（监理合同额/监理项目投资额）如图2-38所示。从图2-38可以看出，全国各地工程监理费率存在一定差异。西藏自治区因地理位置特殊，工程监理费率奇高，达到8.13%。工程监理费率超过1%的地区有海南省（2.32%）、贵州省（1.35%）、福建省（1.10%）、广东省（1.02%）、陕西省（1.01%）和河北省（1.01%），其余地区的工程监理费率均未超过1%。

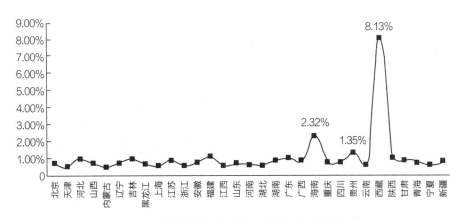

图2-38　2021年全国各地工程监理费率（监理合同额/监理项目投资额）

2. 工程监理企业利润总额持续增长，产值利润率不断下滑

2011～2021年全国工程监理企业利润总额及增幅如图2-39所示。从图2-39可以看出，全国工程监理企业利润总额持续增长，已从2011年的130.94亿元增至2021年的512.46亿元，累计增长2.91倍。但与此同时，全国工程监理企业产值利润率却在不断下降，已从2011年的8.77%下降至2021年的5.41%。2011～2021年全国工程监理企业产值利润率如图2-40所示。

图2-39　2011～2021年全国工程监理企业利润总额及增幅

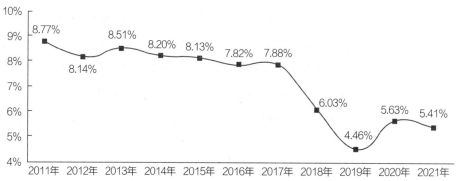

图2-40　2011～2021年全国工程监理企业产值利润率

3. 冀、青、沪等地监理产值利润率最高，赣、晋、闽等地较低

2021年全国各地工程监理企业产值利润率如图2-41所示。从图2-41可以看出，河北省、青海省、上海市工程监理企业产值利润率最高，分别为10.25%、8.33%和8.21%。此外，陕西省和江苏省的也较高，分别为8.06%和7.93%。工程监理企业产值利润率最低的地区是江西省、山西省、福建省、海南省和辽宁省，分别为2.25%、2.43%、3.35%、3.40%和3.82%。

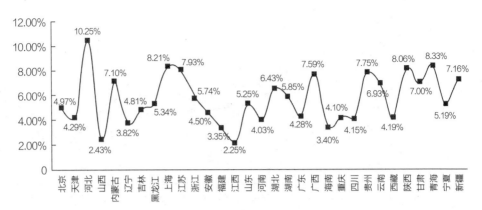

图2-41　2021年全国各地工程监理企业产值利润率

2.3.4　工程监理业务收入前100名企业

全国工程监理业务收入前100名的企业呈现出以下特点。

1. 工程监理收入稳步提升，占工程监理行业监理业务收入比例变化不大

2011~2021年全国工程监理业务收入前100名企业实现的监理业务收入及增幅如图2-42所示。从图2-42可以看出，2011年以来全国工程监理业务收入前100名企业实现的监理业务收入稳步提升，已从2011年的140.20亿元增至2021年的347.00亿元，累计增长1.48倍。

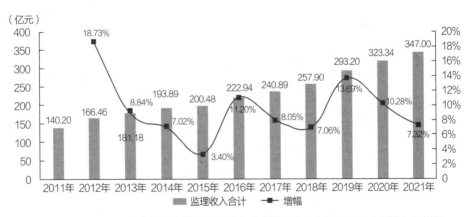

图2-42　2011~2021年全国工程监理业务收入前100名企业实现的监理业务收入及增幅

2011~2021年全国工程监理业务收入前100名企业监理收入占行业监理收入比例如图2-43所示。从图2-43可以看出，10余年来工程监理业务收入前100名企业实现的监理收入占工程监理行业监理业务收入比例变化不大，基本保持在20%左右。

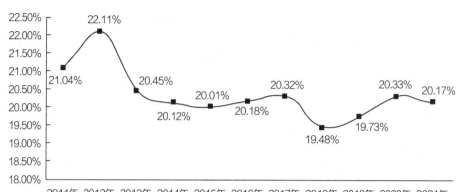

图2-43　2011~2021年全国工程监理业务收入前100名企业监理收入占行业监理业务收入比例

2. 工程监理人员稳步增长，占工程监理行业监理人员比例变化不大

2011~2021年全国工程监理业务收入前100名企业监理人员数量及增幅如图2-44所示。从图2-44可以看出，2011年以来全国工程监理业务收入前100名企业监理人员数量稳步增长，已从2011年的7.71万人增至2021年的12.31万人，累计增长59.70%。

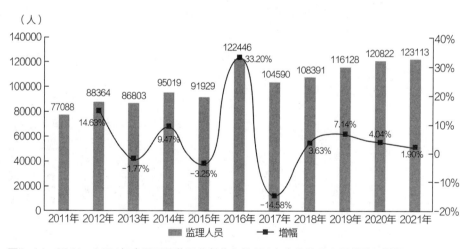

图2-44　2011~2021年全国工程监理业务收入前100名企业监理人员数量及增幅

2011~2021年全国工程监理业务收入前100名企业监理人员占行业监理人员比例如图2-45所示。从图2-45可以看出，10余年来工程监理业务收入前100名企业监理人员占工程监理行业人员比例变化不大，除个别年份外，基本维持在13%~15%之间。

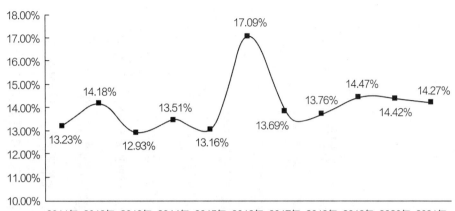

图2-45　2011~2021年全国工程监理业务收入前100名企业监理人员占行业监理人员比例

3. 工程监理人均产值稳步增长，与全国平均水平的差距变化不大

2011~2021年全国工程监理业务收入前100名企业人均监理产值如图2-46所示。从图2-46可以看出，2011年以来全国工程监理业务收入前100名企业人均监理产值稳步增长，已从2011年的18.19万元/人增至2021年的28.19万元/人，累计增长54.98%。

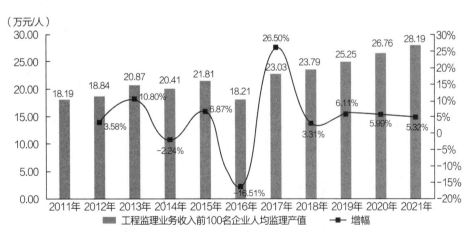

图2-46　2011~2021年全国工程监理业务收入前100名企业人均监理产值

2011~2021年全国工程监理业务收入前100名企业人均监理产值对比分析如图2-47所示。从图2-47可以看出，10余年来工程监理业务收入前100名企业人均监理产值基本上是全国工程监理企业人均监理产值的1.5倍左右，两者差距变化不大。

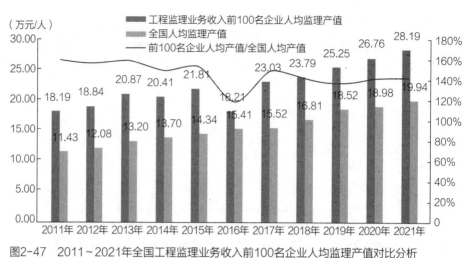

图2-47 2011～2021年全国工程监理业务收入前100名企业人均监理产值对比分析

4. 工程监理业务收入前100名企业主要集中在粤、川、京、沪等地，西部地区占比极小

2021年全国工程监理业务收入前100名企业地域分布如图2-48所示。从图2-48可以看出，工程监理业务收入前100名企业主要集中在广东省、四川省、北京市、上海市等地，其中广东省有20家、四川省有14家、北京市有14家、上海市有10家，4个地区总计占比达到58%。相比之下，西部地区占比极小。特别是青海省、宁夏回族自治区、西藏自治区自2011年以来一直无工程监理业务收入前100名企业，海南省也是如此。

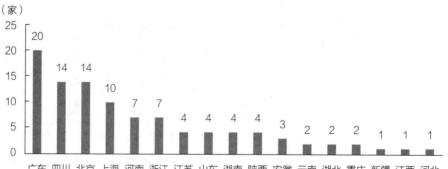

图2-48 2021年全国工程监理业务收入前100名企业地域分布

2011～2021年全国工程监理业务收入前100名企业变化情况见表2-8。从表中可以看出，2011年以来广东省、四川省工程监理业务收入前100名企业增长较多，分别从2011年的9家和8家增至2021年的20家和14家。

2011~2021年全国工程监理业务收入前100名企业变化情况（单位：家）　　表2-8

地区	年份										
	2011	2012	2013	2014	2015	2016	2017	2018	2019	2020	2021
广东省	9	12	10	10	11	10	12	12	15	18	20
四川省	8	9	10	12	10	10	11	13	13	13	14
北京市	18	19	20	20	19	20	16	13	12	13	14
上海市	13	14	12	12	13	12	12	10	11	10	10
河南省	2	3	2	2	4	5	7	10	8	8	7
浙江省	5	5	6	6	6	7	7	7	7	6	7
江苏省	4	3	4	5	3	5	5	4	5	7	4
山东省	2	2	3	2	2	2	4	4	4	5	4
湖南省	4	4	3	2	4	5	5	5	5	5	4
陕西省	3	2	3	2	2	2	2	3	4	3	4
安徽省	4	4	4	4	4	3	3	4	3	3	3
云南省	1	1	2	1	1	2	1	2	2	2	2
湖北省	1	1	1	2	3	4	3	3	2	2	2
重庆市	4	4	4	4	4	4	4	3	4	1	2
新疆维吾尔自治区	1	3	4	1	1	2	1	1	1	1	1
江西省	–	–	–	1	1	1	1	1	1	1	1
河北省	1	1	1	1	1	1	1	2	2	1	1
辽宁省	3	2	1	2	2	1	–	–	–	1	–
天津市	4	2	2	2	1	1	1	1	–	–	–
山西省	3	3	3	3	2	1	1				
内蒙古自治区	–	–	1	1	1	1	1	1	1	–	–
福建省	2	2	2	2	2	1	2	1	–	–	–
吉林省	2	2	1	1	1	–	–	–	–	–	–
黑龙江省	2	1	–	–	–	–	–	–	–	–	–
甘肃省	2	1	1	2	1	–	–	–	–	–	–
广西壮族自治区	1	–	–	–	1	–	–	–	–	–	–

续表

地区	年份										
	2011	2012	2013	2014	2015	2016	2017	2018	2019	2020	2021
贵州省	1	–	–	–	–	–	–	–	–	–	–
海南省	–	–	–	–	–	–	–	–	–	–	–
青海省	–	–	–	–	–	–	–	–	–	–	–
宁夏回族自治区	–	–	–	–	–	–	–	–	–	–	–
西藏自治区	–	–	–	–	–	–	–	–	–	–	–

第二部分

高质量发展形势下工程监理行业发展机遇和挑战

第 3 章

建筑业发展
形势

建筑业高质量发展主要体现在绿色低碳发展及绿色建造、建筑工业化与数智化转型、工程建设实施组织方式变革等方面。上述发展和变革在给工程监理行业发展带来机遇的同时，也带来巨大挑战。工程监理行业唯有深刻认识和理解建筑业高质量发展形势，才能主动适应形势变化，抓住机遇、应对挑战，促进工程监理行业健康可持续发展。

3.1 绿色低碳发展及绿色建造

3.1.1 绿色低碳发展

绿色低碳发展是指在可持续发展思想指导下，通过绿色技术创新、制度创新、产业转型、新能源开发等多种方式和手段，尽可能地减少高碳能源消耗和温室气体排放，达到经济社会发展与生态环境保护双赢的一种经济发展形态。绿色低碳发展是一种内涵丰富的经济发展模式，是世界经济发展的潮流。绿色低碳发展的内涵主要包括以下三方面。①绿色低碳发展的实质是转变现有能源消费、经济发展模式及人类生活方式。②绿色低碳发展应注重绿色低碳技术的开发利用。③绿色低碳发展具有经济、就业、减排三重效益，将会成为新的经济增长点，保障社会经济的可持续发展。

绿色低碳发展概念是在2011年11月召开的中国可持续发展论坛上首次提出。2014年9月，《国务院关于国家应对气候变化规划（2014-2020年）的批复》（国函〔2014〕126号）强调，要增强责任感和使命感，采取更加有力的措施，努力实现绿色发展、低碳发展、循环发展。2021年9月出台的《中共中央 国务院关于完整准确全面贯彻新发展理念 做好碳达峰碳中和工作的意见》中指出，要把碳达峰、碳中和纳入经济社会发展全局，以经济社会发展全面绿色转型为引领，以能源绿色低碳发展为关键，加快形成节约资源和保护环境的产业结构、生产方式、生活方式、空间格局，坚定不移走生态优先、绿色低碳的高质量发展道路，确保如期实现碳达峰、碳中和。住房城乡建设部在2022年1月印发的《"十四五"建筑业发展规划》（建市〔2022〕11号）中明确指出，要加快建筑业转型升级，实现绿色低碳发展，切实提高发展质量和效益。

3.1.2 绿色建造

根据住房和城乡建设部办公厅于2021年3月印发的《绿色建造技术导则（试

行）》（建办质〔2021〕9号），绿色建造是指按照绿色发展的要求，通过科学管理和技术创新，采用有利于节约资源、保护环境、减少排放、提高效率、保障品质的建造方式，实现人与自然和谐共生的工程建造活动。绿色建造应将绿色发展理念融入工程策划、设计、施工、交付全过程，充分体现绿色化、工业化、信息化、集约化和产业化的总体特征。同时，应统筹考虑工程质量、安全、效率、环保、生态等要素，实现工程策划、设计、施工、交付全过程一体化，提高建造水平和建筑品质；应全面体现绿色要求，有效降低建造全过程对资源的消耗和对生态环境的影响，减少碳排放，整体提升建造活动绿色化水平；宜采用系统化集成设计、精益化生产施工、一体化装修方式，加强新技术推广应用，整体提升建造方式工业化水平；宜结合实际需求，有效采用建筑信息模型（BIM）、物联网、大数据、云计算、移动通信、区块链、人工智能、机器人等相关技术，整体提升建造手段信息化水平；宜采用工程总承包、全过程工程咨询等组织管理方式，促进设计、生产、施工深度协同，整体提升建造管理集约化水平。

近年来，政府有关部门在大力推进绿色建造。2020年7月，住房和城乡建设部等13部门联合印发的《住房和城乡建设部等部门关于推动智能建造与建筑工业化协同发展的指导意见》明确指出，要积极推行绿色建造，以节约资源、保护环境为核心，通过智能建造与建筑工业化协同发展，提高资源利用效率，减少建筑垃圾的产生，大幅降低能耗、物耗和水耗水平。2021年10月，中共中央办公厅、国务院办公厅印发的《关于推动城乡建设绿色发展的意见》中强调，要实现工程建设全过程绿色建造。开展绿色建造示范工程创建行动，推广绿色化、工业化、信息化、集约化、产业化建造方式，加强技术创新和集成，利用新技术实现精细化设计和施工。2022年1月，住房和城乡建设部印发的《"十四五"建筑业发展规划》（建市〔2022〕11号）中再次明确，要加快推行绿色建造方式，减少材料和能源消耗，降低建造过程碳排放量。2021年3月，住房和城乡建设部发布《绿色建造技术导则（试行）》，进一步明确了绿色建造的具体内容和实施路径。

绿色低碳发展是国之大计，是解决我国资源环境生态问题的基本之策。绿色建造已成为建筑业绿色低碳发展的重要方向，而工程监理企业则是实施绿色建造的责任主体之一，监理工程师在推进和实施绿色建造中承担着不可推卸的社会责任。因此，在全社会绿色低碳发展形势下，监理工程师应具有绿色低碳发展理念，有义务推广应用绿色建造技术，实现工程建造过程中的资源节约、环境保护和排放减少。

3.2 建筑工业化与数智化转型

3.2.1 建筑工业化

建筑工业化通常是指以设计标准化、构件部品化、施工机械化为特征，能够整合设计、生产、施工等整个产业链，实现建筑产品节能、环保、全寿命期价值最大化的新型建筑生产方式。近年来，随着信息技术的快速发展和广泛应用，建筑工业化已不再是单纯强调生产方式的升级变革，开始重视建筑工业化发展的质量和效益问题，由此引出了"新型建筑工业化"的概念。2020年8月，住房和城乡建设部等9部门联合印发的《住房和城乡建设部等部门关于加快新型建筑工业化发展的若干意见》（建标规〔2020〕8号）明确指出，新型建筑工业化是指通过新一代信息技术驱动，以工程全寿命期系统化集成设计、精益化生产施工为主要手段，整合工程全产业链、价值链和创新链，实现工程建设高效益、高质量、低消耗、低排放的建筑工业化。

从上述概念可以看出，新型建筑工业化具有以下基本特征：①追求工程建设高效益、高质量、低消耗、低排放，实现全寿命期价值最大化。②以系统化集成设计、工厂化部品预制、精益化生产施工为基本生产方式。③融合应用新一代信息技术。不仅包括建筑信息模型（BIM）技术应用，而且包括大数据、物联网、智能建造技术等。由此可见，新型建筑工业化是在建筑工业化的基础上，融入全过程管理信息化、可持续发展理念及注重发展质量、效益等新型工业化特征，使建筑工业化能够更好地顺应新时代高质量发展要求。

装配式建筑作为建筑工业化的代表，近年来得到有关部门的高度重视和大力推广。2016年9月发布的《国务院办公厅关于大力发展装配式建筑的指导意见》（国办发〔2016〕71号）提出，以京津冀、长三角、珠三角三大城市群为重点推进地区，常住人口超过300万的其他城市为积极推进地区，其余城市为鼓励推进地区，因地制宜发展装配式混凝土结构、钢结构和现代木结构等装配式建筑。要力争用10年左右的时间，使装配式建筑占新建建筑面积的比例达到30%。2017年2月，国务院办公厅发布的《关于促进建筑业持续健康发展的意见》（国办发〔2017〕19号）提出，坚持标准化设计、工厂化生产、装配化施工、一体化装修、信息化管理、智能化应用，推动建造方式创新，大力发展装配式混凝土和钢结构建筑，在具备条件的地方倡导发展现代木结构建筑，不断提高装配式建筑在新建建筑中的比例。2020年7月住房和城乡建设部等13部门发布的《关于推动智能建造与建筑工业化协同发展的指导意见》（建市〔2020〕60号）和2020年8月住房和城乡建设部等9部门发布的《关于加快新型建筑工业化发展的若干意见》（建标规〔2020〕8号）均提出，要大力发展装配式建筑。2022年1月，住房和城乡建设部发布的《"十四五"推动长江经济带发展城乡建设行动方案》指出，长三角、长江中游、成渝、黔中、滇中等城市群装配式建筑占当年城镇新建建筑的比例达到35%以上，其余地区装配式建筑占当年城镇新建建筑的比例达到30%以上，鼓励县城发展装配式建筑。

3.2.2　数智化转型

随着新一代信息技术的飞速发展，工程建设领域数智化转型发展成为必然发展趋势。2020年7月，住房和城乡建设部等13部门联合印发《关于推动智能建造与建筑工业化协同发展的指导意见》（建市〔2020〕60号）提出，要显著提高建筑工业化、数字化、智能化水平，到2035年使我国迈入智能建造世界强国行列。2021年12月国务院印发的《"十四五"数字经济发展规划》（国发〔2021〕29号）明确要求，要促进数字技术在全过程工程咨询领域的深度应用，引领咨询服务和工程建设模式转型升级。2022年1月，住房和城乡建设部发布的《"十四五"建筑业发展规划》（建市〔2022〕11号）指出，要加快智能建造与新型建筑工业化协同发展，实施智能建造试点示范创建行动，发展一批试点城市，建设一批示范项目，总结推广可复制政策机制。上述一系列政策为工程建设领域数智化转型指明了方向。

对工程监理企业而言，一方面要融合应用包括建筑信息模型（BIM）在内的新一代信息技术，推动工程监理数智化乃至全过程工程咨询数智化。另一方面，要尽快适应建造方式变革，探索适用于智能建造模式下的工程监理组织方式和工作流程。

智能建造伴随着制造业的智能制造而提出，是从智能制造衍生而来的。所谓智能建造，是指充分利用新一代信息技术和相关技术，通过应用智能化监管平台和建筑机器人等，提高工程建造过程智能化水平，减少对人的依赖，以实现安全建造、提高建造品质的建造方式。智能建造的内涵包括以下5方面：①智能建造以建筑信息模型（BIM）、地理信息系统（GIS）、物联网、云计算和大数据等新一代信息技术为支撑，应用新一代信息技术为工程建造活动智能化赋能。②智能建造涵盖工程建造全过程。③智能建造基于信息技术实现更加科学化的管理。

④智能建造能够实现工程策划、设计、生产、施工、运维全产业链的整合与协同。⑤智能建造能够促进工程建设过程的能效提升和资源利用效率。

住房和城乡建设部等13部门联合印发的《关于推动智能建造与建筑工业化协同发展的指导意见》（建市〔2020〕60号）明确指出，要加快推动新一代信息技术与建筑工业化技术协同发展，在建造全过程加大建筑信息模型（BIM）、互联网、物联网、大数据、云计算、移动通信、人工智能、区块链等新技术的集成与创新应用。智能建造方式的推广应用，必然要求工程监理方式与之相适应。为此，需要监理工程师尽快理解和掌握工程建设数智化转型发展理念和智能建造支撑技术、组织方式及监理模式等。

3.3 工程建设实施组织方式变革

2017年2月印发的《国务院办公厅关于促进建筑业持续健康发展的意见》（国办发〔2017〕19号）明确指出，要完善工程建设组织模式，其中特别指出要加快推行工程总承包和培育全过程工程咨询。除此之外，实施政府和社会资本合作（PPP），其实也是一种工程建设实施方式的变革。工程建设实施组织方式变革将会给工程监理服务范围、流程和方式等带来变化。

3.3.1 工程总承包

工程总承包有着丰富内涵，也有许多模式。设计-建造（Design & Build，DB）和设计-采购-施工（Engineering-Procurement-Construction，EPC）是其中常见的两种代表性模式。DB承包模式是指从事工程总承包的单位受建设单位委托，按照合同约定，承担工程勘察设计和施工任务。而在EPC承包模式中，工程总承包单位还要负责材料设备的采购工作，且其中的Engineering不是一般意义上的工程设计，含有工艺流程设计、策划和管理等。DB/EPC还可分别拓展为设计-建造-运营（Design-Build-Operation，DBO）和设计-采购-施工+运营维护（Engineering-Procurement-Construction+ Operation & Maintenance，EPC+O&M）。

与传统的设计-招标-施工（Design-Bid-Build，DBB）模式相比，从承包商角度看，工程总承包模式具有以下特点：①工程承包范围扩大，承包风险增加。传统的DBB承包模式下，承包商只承包工程施工任务，照图施工，施工任务比较明确。而在工程总承包模式下，承包商不只是承包施工任务，还要至少承担施工图设计，有的还需要承揽材料设备采购，不仅承包范围扩大，而且工作的不确定性和承包风险增加。当然，承包商的利润空间也会增加。②有利于实现工程设计与施工的协调，缩短建设周期。传统的DBB承包模式下，工程设计和施工任务分别由不同单位承担，容易出现可施工性差的设计方案，工程施工中设计变更多；而且需要全部完成施工图设计文件后才能通过招标进入施工阶段，势必造成建设周期长。采用工程总承包模式，可以避免上述问题，不仅能实现工程设计与施工、工艺与技术的有效结合，而且可以在工程总承包商内部实现边设计、边施工，缩短工程建设周期。③集设计、采购、施工为一体，要求工程总承包商具有丰富的工程技术和管理经验。

国家对发展工程总承包非常重视。2016年2月印发的《中共中央 国务院关于进一步加强城市规划建设管理工作的若干意见》中明确提出，要深化建设项目组织实施方式改革，推广工程总承包制。2017年2月印发的《国务院办公厅关于促进建筑业持续健康发展的意见》（国办发〔2017〕19号）明确指出，要完善工程建设组织模式，加快推行工程总承包。同时还提出，装配式建筑原则上应采用工程总承包模式；政府投资工程应带头推行工程总承包。2019年12月，住房和城乡建设部、国家发展改革委联合印发的《房屋建筑和市政基础设施项目工程总承包管理办法》（建市规〔2019〕12号）明确提出，建设内容明确、技术方案成熟的项目，适宜采用工程总承包方式。同时，还明确了工程总承包项目经理应具备的条件。

3.3.2　全过程工程咨询

2017年2月印发的《国务院办公厅关于促进建筑业持续健康发展的意见》（国办发〔2017〕19号）首次提出，要"培育全过程工程咨询"。所谓全过程工程咨询，是指工程咨询方综合运用多学科知识、工程实践经验、现代科学技术和经济管理方法，采用多种服务方式组合，为委托方在项目投资决策、建设实施阶段提供阶段性或整体解决方案的综合性智力服务活动。全过程工程咨询有着丰富的内涵和变化多样的组合服务方式，绝不只是"1（项目管理）+N"少数几种组合方式。特别是从提升工程咨询类企业的国际化水平看，需要对全过程工程咨询有深入理解。与传统的碎片化、分阶段单项咨询相比，全过程工程咨询至少具有三个鲜明的特征：①跨阶段有机集成，而不是若干阶段咨询的简单相加。②综合性智力服务，这种综合是指"技术+经济+管理"的综合咨询，而不只包含管理咨询。③多方式弹性组合，是指基于委托方需求的各种服务方式的组合。

为进一步推进全过程工程咨询，2019年3月发布的《国家发展改革委 住房城乡建设部关于推进全过程工程咨询服务发展的指导意见》（发改投资规〔2019〕515号）将全过程工程咨询服务内容划分为投资决策综合性咨询和工程建设全过程咨询两部分。所谓投资决策综合性咨询，是指综合性工程咨询单位接受投资者委托，就投资项目的市场、技术、经济、生态环境、能源、资源、安全等影响可行性的要素，结合国家、地区、行业发展规划及相关重大专项建设规划、产业政策、技术标准及相关审批要求进行分析研究和论证，为投资者提供决策依据和建议，其目的是为了减少分散专项评价评估，避免可行性研究论证碎片化。所谓工程建设全过程咨询，是指由一家具有相应资质条件的咨询企业或多家具有相应资质条件的咨询企业组成联合体，为建设单位提供招标代理、勘察、设计、监理、造价、项目管理等全过程咨询服务，满足建设单位一体化服务需求，增强工程建设过程的协同性。

全过程工程咨询企业可以为委托方提供项目决策策划、项目建议书和可行性研究报告编制，项目实施总体策划、项目管理、报批报建管理、勘察及设计管理、规划及勘察设计优化、工程监理、招标代理、造价咨询、后评价和配合审计等咨询服务，也可包括规划和设计等咨询活动。

3.3.3　政府和社会资本合作（PPP）

政府和社会资本合作（Public-Private-Partnership，PPP）是一种项目运作模式，最早起源于英国，在基础设施建设方面创造了巨大价值。在我国，根据2014年9月印发的《财政部关于推广运用政府和社会资本合作模式有关问题的通知》（财金〔2014〕76号），政府和社会资本合作是指在基础设施及公共服务领域建立的一种长期合作关系。通常的实施模式是由社会资本承担设计、建设、运营、维护基础设施的大部分工作，并通过"使用者付费"及必要的"政府付费"获得合理投资回报；政府部门负责基础设施及公共服务价格和质量监管，以保证公共利益最大化。

实施PPP模式，对政府而言，通过向社会资本开放基础设施和公共服务项目，可以拓宽建设融资渠道，形成多元化、可持续的资金投入机制，还可以减少政府对微观事务的过度参与，提高公共服务效率和质量。对建筑企业而言，有利于实现战略转型和商业模式创新，建筑企业不再以传统的单一施工承包为主，不仅可以进入投资领域，以社会资本方的角色与政府进行合作，有的还可将资本运营能力发展成为其核心能力；而且可进入基础设施运营领域，拓展其经营范围，提升其创新能力。对工程监理企业而言，如果是有建筑企业作为社会资本参与其中，同时又是工程承包方，意味着工程监理的对象发生了变化。

2015年5月，《国务院办公厅转发财政部 发展改革委 人民银行关于在公共服务领域推广政府和社会资本合作模式指导意见的通知》（国办发〔2015〕42号）明确了规定了PPP模式的适用范围，要求在能源、交通运输、水利、环境保护、农业、林业、科技、保障性安居工程、医疗、卫生、养老、教育、文化等公共服务领域，鼓励采用政府和社会资本合作模式，吸引社会资本参与。由此可见，PPP模式的适用范围非常广泛。

第 4 章

工程监理
行业发展机遇

经济社会高质量发展形势下，我国正在推进城市更新，提升建筑工程品质，加强安全生产管理。不断强化工程质量安全管理的迫切需求，给工程监理行业发展带来机遇。同时，全过程工程咨询发展、"一带一路"建设及区域经济合作持续推进等，也给工程监理行业发展带来机遇。

4.1 强化工程质量安全管理带来的机遇

我国城镇化水平的不断提升，需要通过城市更新来实现高质量发展。经济社会发展和人民生活水平的不断提高，对建筑品质提出了新的更高要求。同时，不容乐观的安全生产形势，均需要工程监理发挥更大作用。由此，给工程监理行业带来新的发展机遇。

4.1.1 推进城市更新带来的机遇

城市是现代化的重要载体。实施城市更新行动是党的十九届五中全会做出的重要决策部署，是我国国民经济和社会发展"十四五"规划纲要和2035年远景目标纲要明确的重大工程项目。党的二十大报告提出，要提高城市规划、建设、治理水平，加快转变超大特大城市发展方式，实施城市更新行动，加强城市基础设施建设，打造宜居、韧性、智慧城市。当前，我国常住人口城镇化率已超64%，一些东部沿海城市甚至超过70%。中国城镇化已发展到关键阶段，需要通过城市更新实现高质量发展。

2020年4月，国家发展改革委印发《2020年新型城镇化建设和城乡融合发展重点任务》（发改规划〔2020〕532号）提出，"十四五"期间要加快推进城市更新。具体任务包括：

（1）改造一批老旧小区，完善基础设施和公共服务配套，引导发展社区便民服务。

（2）改造一批老旧厂区，通过活化利用工业遗产和发展工业旅游等方式，将"工业锈带"改造为"生活秀带"、双创空间、新型产业空间和文化旅游场地。

（3）改造一批老旧街区，引导商业步行街、文化街、古城古街打造市民消费升级载体，因地制宜发展新型文旅商业消费聚集区。

（4）改造一批城中村，探索在政府引导下工商资本与农民集体合作共赢模式。

在国家大力提倡和推动城市更新的大背景下，各地方政府纷纷出台相关政策，加快推进城市更新。如北京首钢园工业遗产再利用、重庆山城巷"微改造"、苏州"塔影入弄"回归等，都是近年来我国推进城市更新的缩影。

实施城市更新行动，可以提升城市品质和人居环境质量，因而使各地政府和社会各界对城市更新的关注度空前提升。上述老旧小区、老旧厂区、老旧街区及城中村的大批改造，给工程监理行业带来发展机遇。工程监理企业应尽快适应城市更新发展形势，抓住老旧小区、老旧厂区、老旧街区及城中村改造契机，通过培训教育，使工程监理人员尽快掌握城市更新相关政策及标准，结合城市更新特点完善监理工作流程、方法和措施，提升城市更新中的综合策划、技术咨询和现场管控能力，最大限度地发挥工程监理作用。

4.1.2 提升建筑工程品质带来的机遇

建筑业作为国民经济支柱产业，尽管在经济社会发展中发挥了重要作用。但依然存在发展质量和效益不高的问题，工程质量安全事故时有发生。为此，国务院办公厅于2019年9月转发住房和城乡建设部《关于完善质量保障体系 提升建筑工程品质的指导意见》，要求"按照党中央、国务院决策部署，坚持以人民为中心，牢固树立新发展理念，以供给侧结构性改革为主线，以建筑工程质量问题为切入点，着力破除体制机制障碍，逐步完善质量保障体系，不断提高工程质量抽查符合率和群众满意度，进一步提升建筑工程品质总体水平。"

提升建筑工程品质有着丰富内涵，绿色建造、智能建造、工业化建造及城市更新等的最终目的均离不开建筑工程品质提升。为提升建筑工程品质，需要强化相关各方责任，包括突出建设单位首要责任、落实施工单位主体责任、明确房屋使用安全主体责任和履行政府的工程质量监管责任。国务院办公厅转发住房和城乡建设部《关于完善质量保障体系 提升建筑工程品质的指导意见》中特别指出，要"强化政府对工程建设全过程的质量监管，鼓励采取政府购买服务的方式，委托具备条件的社会力量进行工程质量监督检查和抽测，探索工程监理企业参与监管模式，健全省、市、县监管体系。"由此可见，为加强政府对工程建设全过程的质量监管，政府部门将会以购买服务方式委托工程监理企业参与监管，从而为工程监理企业拓展业务创造了良好的政策环境。在此政策背景下，工程监理企业不仅能接受建设单位委托实施工程监理，而且可直接受政府部门委托参与工程建设全过程的质量监管。工程监理企业若能在政府部门委托下参与工程质量监管，因地位比较超脱，更有利于促进工程建设各方（包括建设单位）主体责任的落实。为此，对于综合实力较强的大型工程监理企业而言，应抓住发展契机，深刻领会建筑市场事中事后监管要求和实施方式，强化自身专业服务能力，主动识别和适应政府购买服务需求，在提升建筑工程品质的行动中更好地发挥工程监理的专业化作用。

近年来，为进一步落实建设单位工程质量首要责任，将保险机制融入工程质量风险管理体系，部分地区在商品住宅和保障性住房领域开始探索实行工程质量潜在缺陷保险（Inherent Defect Insurance，IDI）制度。在IDI合同签订后，保险公司通常会聘请专业化的技术评估机构（Technical Inspection Service，TIS）协助其进行工程质量风险管理。TIS机构的主要工作职责是客观评估工程技术风险，包括工程所在位置、设计方案、施工组织设计、施工方案、施工过程、建筑材料、施工质量控制、使用维护等带来的技术风险，并争取将这些技术风险控制在可接受的风险水平。从上述工作职责可以看出，工程监理企业更适合受聘成为TIS机构。因此，工程质量潜在缺陷保险制度的实行，也将会为工程监理企业拓展业务带来发展机遇。

4.1.3 政府购买监理巡查服务带来的机遇

随着建筑市场"放管服"改革不断深化，迫切需要解决有效的事中事后监管问题。而且，由于工程建设领域质量安全事故时有发生，需要政府部门创新监管方式，强化工程质量安全监管。为此，2020年9月发出的《住房和城乡建设部办公厅关于开展政府购买监理巡查服务试点的通知》（以下简称《通知》）提出，要"通过开展政府购买监理巡查服务试点，探索工程监理服务转型方式，防范化解工程履约和质量安全风险，提升建设工程质量水平，提高工程监理行业服务能力。适时总结试点经验做法，形成一批可复制、可推广的政府购买监理巡查服务模式，促进建筑业持续健康发展"。该《通知》明确要求在江苏省、浙江省、广东省三地进行试点，试点范围包括：①江苏省苏州工业园区。②浙江省台州市、衢州市。③广东省广州市空港经济区、广州市重点公共建设项目管理中心代建项目。

开展政府购买监理巡查服务试点的目的是为建立健全政府购买监理巡查服务长效机制，形成可复制、可推广的政府购买服务方式提供借鉴和参考。2022年1月，住房和城乡建设部印发的《"十四五"建筑业发展规划》中进一步强调，要"完善工程监理制度，鼓励监理企业通过政府购买服务方式参与工程质量安全监督检查，强化工程监理在质量安全管理方面的作用"。工程质量安全监管任务重、专业性强，且监管盲点多，政府监管部门现有的人员储备、技术手段均难以满足工程建设全过程质量安全监管需求。政府部门鼓励各地购买监理巡查服务，有利于工程监理企业拓展业务。为此，对于大型综合性工程监理企业，在做好传统工程监理业务的同时，尽快转变观念，积极引育人才，打造综合素质高、专业能力强的专家队伍，以适应政府购买监理巡查服务需求。

4.2 工程监理业务拓展带来的机遇

国家鼓励发展全过程工程咨询、"一带一路"建设及区域经济合作的推进等，为工程监理企业拓展业务带来了机遇。

4.2.1 发展全过程工程咨询带来的机遇

2017年2月发布的《国务院办公厅关于促进建筑业持续健康发展的意见》（国办发〔2017〕19号）首次提出，要"培育全过程工程咨询"。"鼓励投资咨询、勘察、设计、监理、招标代理、造价等企业采取联合经营、并购重组等方式发展全过程工程咨询，培育一批具有国际水平的全过程工程咨询企业。"国家鼓励发展全过程工程咨询，为工程监理企业纵向拓展业务，发展从投资决策至工程建设实施全过程咨询成为可能，既可以进入投资决策领域提供投资决策综合性咨询服务，也可以在工程建设实施阶段采用多种服务方式组合，提供包含施工监理的综合咨询服务。

为进一步深入推进全过程工程咨询服务发展，国家发展改革委、住房城乡建设部于2019年3月联合印发《关于推进全过程工程咨询服务发展的指导意见》（发改投资规〔2019〕515号），针对工程建设环节推进全过程咨询提出，鼓励建设单位委托咨询单位提供招标代理、勘察、设计、监理、造价、项目管理等全过程咨询服务，满足建设单位一体化服务需求，增强工程建设过程的协同性。同时，要求全过程咨询单位应当以工程质量和安全为前提，帮助建设单位提高建设效率、节约建设资金。在工程建设实施阶段以工程质量和安全为前提提供咨询服务，工程监理单位具有得天独厚的优势。由此可见，发展全过程工程咨询，为工程监理企业拓展业务带来了良好发展机遇。

4.2.2 "一带一路"建设及区域经济合作带来的机遇

2013年9月和10月，习近平主席提出倡议，建设"新丝绸之路经济带"和"21

世纪海上丝绸之路"（即"一带一路"）。根据"一带一路"走向，陆上依托国际大通道，以沿线中心城市为支撑，以重点经贸产业园区为合作平台，共同打造新亚欧大陆桥、中蒙俄、中国-中亚-西亚、中国-中南半岛等国际经济合作走廊；海上以重点港口为节点，共同建设通畅安全高效的运输大通道。"一带一路"倡议的核心内容是促进区域基础设施建设和互联互通，目前已吸引全球100多个国家和国际组织积极支持和参与"一带一路"建设。

随着"一带一路"建设的不断推进，工程监理企业将会有更多机会参与国际竞争，特别是在一些发展中国家，我国工程监理企业开拓市场的前景广阔。首先，世界银行等国际金融组织和发达国家的贷款、赠款都在支持发展中国家的基础设施建设，鉴于历史上建立的良好关系，这些国家的业主对我国工程监理企业参与国际竞标有着浓厚兴趣。其次，中国政府每年都安排大量低息、无息贷款支持亚洲、非洲、拉丁美洲等地区发展中国家的建设，这为我国工程监理企业提供技术支持提供了便利。再次，我国许多企业集团到国外投资建设，都会希望有实力和经验的工程监理企业为其提供智力和技术支持。这些需求无疑给工程监理企业拓展国际市场带来巨大机遇。

2022年1月1日，我国参与签订的区域全面经济伙伴关系协定（Regional Comprehensive Economic Partnership，RCEP）正式生效。该协定是由包括中国、日本、韩国、澳大利亚、新西兰和东盟十国共15方成员签署的。RCEP的生效实施，标志着全球人口最多、经贸规模最大、最具发展潜力的自由贸易区正式落地，将会为区域乃至全球贸易投资增长、经济复苏和繁荣发展作出重要贡献，这对于工程监理企业更好地"走出去"参与国际竞争也具有十分重要的现实意义。

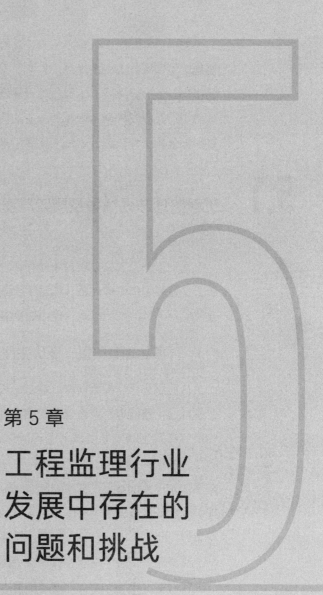

第 5 章

工程监理行业
发展中存在的
问题和挑战

工程监理制度实行30多年来，工程监理法律法规及标准体系逐步完善，工程监理队伍不断壮大，在保证工程质量安全、提高投资效益等方面发挥了不可替代的作用。但毋庸讳言，工程监理行业尚存在一些需要解决的问题，影响着工程监理作用的充分发挥和工程监理行业的持续健康发展。与此同时，建筑业高质量发展形势也给工程监理行业未来发展带来新的挑战。

5.1 工程监理市场竞争及履职尽责存在的问题

长期以来，工程监理行业尚存在一些问题，包括低价恶性竞争、高水平人才匮乏、监理工作不够规范、监理手段陈旧等，这些问题极大地影响着工程监理企业及监理人员的履职尽责，进而影响着工程监理行业持续健康发展。

5.1.1 同质化现象严重，低价恶性竞争时有发生

从前述统计分析数据可以看出，长期以来，房屋建筑工程和市政公用工程专业领域的工程监理企业数量占工程监理企业总数的比例一直保持在88%以上。尽管房屋建筑工程专业领域的工程监理企业占比有所下降，已从2011年的84.38%降至2021年的78.95%，但与此同时，市政公用工程领域的工程监理企业占比却在增加，已从2011年的5.77%增至2021年的11.77%。由此可以看出，大量工程监理企业业务领域集中于房屋建筑工程和市政公用工程领域，因而使同质化竞争日趋激烈。同时，由于石化、煤炭、铁路等行业相对封闭，工程监理企业资质管理制度改革后，交通、水利等行业自成体系，而且因房地产市场经历高速发展后目前进入调整阶段等，均会加剧工程监理企业在房屋建筑和市政公用工程领域竞争的激烈程度。

工程监理企业同质化竞争还表现在不同资质等级企业间的竞争。根据2021年统计数据，工程监理甲级资质企业4874家，乙级资质企业5915家。尽管企业资质等级有差别，但施工现场实际监理工作的作用和效果并未有显著差异，工程监理企业大而不强、专而不精的现象较为普遍。

在工程监理市场激烈竞争形势下，越来越多的房地产开发项目采用低价中标方式进行招标，致使工程监理费不断走低。由于长期的低价竞争，使工程监理企业深陷恶性循环的怪圈，即：工程监理收费低→监理人员收入低→高端监理人才流失→工程监理作用难以发挥→工程监理收费降低。由于长期的低价竞争，工程

监理企业失去了积累和创新投入的能力，严重影响了企业发展后劲。

5.1.2 高水平人才匮乏，后继人才培养堪忧

据不完全统计，目前全国工程监理企业主要负责人中（董事长、总经理）仍以60后占绝对多数，工程监理企业高级管理人员（副总经理、总工程师）也是以60后为主。这些企业高级管理人员大多数是20世纪90年代初进入工程监理行业的，当时属于第一代监理人中的年轻人。他们从监理一线工作做起，经过比较严格的系统训练，经历了工程监理制度发展的不同阶段，对工程监理制度和工程监理工作有深刻的理解，也倾注了职业生涯的深厚感情。一大批60后高级管理人员年龄已到或即将到60岁陆续开始退休或离开企业领导岗位（国企尤其如此），后续高水平专业人才匮乏，还难以有力地支撑工程监理行业健康发展。

在2020年全国监理工程师考试报名条件变化之前，需要取得工程类相关专业中级技术职称3年及以上才能有资格报考监理工程师。这就意味着大学毕业生通常需要工作8年后（30岁左右）才有可能报考监理工程师，从而造成年轻人进入工程监理关键岗位慢，在一定程度上制约了人才梯队形成，影响了关键岗位人员年龄结构的合理性。截至2020年底，全行业50岁以下的注册监理工程师不足10%，且大专学历的占比超过50%。50～65岁的注册监理工程师占比超过90%。尽管从2020年开始全国监理工程师考试报名条件放宽，近3年来通过职业资格考试选拔出一批本科毕业、30岁以下的注册监理工程师，尚需经过更多工程实践积累实际经验后，才有可能担任项目总监理工程师。即使如此，多年来形成的工程监理高水平人才"断档"现象仍难以弥补。

在工程监理单位每年招收的应届毕业生中，大学本科毕业生入职比重在逐年下降。"985""211""双一流"高校毕业生愿意从事工程监理工作的比例较低，在工程监理行业新入职的硕士毕业生更是凤毛麟角。为了吸引人才、培养人才、留住人才，大多数工程监理单位想尽各种办法，包括提高薪酬待遇，特别是高素质毕业生待遇；以"师傅带徒弟"、建立集中学习交流等方式，尽快为年轻人积累一线工作经验；在职称晋升、职业资格考试、学历提升等方面制定奖励政策，引导年轻人尽快成长等。这些努力虽在部分单位取得一定成效，但真正具备全方位能力、能够独当一面，并且能够留得住的年轻人，不足工程监理企业总招入量的10%。就工程监理全行业而言，高水平人才，特别是高水平年轻人才匮乏是制约行业健康可持续发展的关键，如何吸引人才、培养人才、留住人才，需要全行业长期不懈的努力。

5.1.3 监理行为不够规范，工作成效参差不齐

长期以来，工程监理人员和监理工作"跟着建设单位走"，逐渐丧失了工程监理工作的独立性、主动性和创造性。工程监理制度建立和实施之初，工程监理人员对"三控两管一协调"耳熟能详，努力成为工程建设管理的核心。但长期下来，由于外部因素的制约和自身条件的限制，工程监理原本全过程、全目标控制业务逐步将部分咨询业务让渡给"招标代理""造价咨询"等。工程进度控制也被房地产开发项目的"高周转"带偏，成为"非技术"工作，从而使工程监理工作更多集中于施工"质量、安全"。大量工程监理单位长期习惯于从事施工阶段的质量安全管理，以至于当政府投资项目和国有投资项目要求工程监理单位做好"三控两管一协调"和"安全生产监督管理"时，有相当一部分工程监理单位已经有点"力不从心"了。

进行工程质量控制和安全生产管理，是工程监理的法定职责，代表着社会公众利益的客观需要，也是工程监理的法律支撑和价值体现。为此，需要广大工程监理单位和监理人员坚持监理工作程序和原则，切实履职尽责，坚守底线。但由于有些建设单位的不当干预，常常会使工程监理工作处于被动地位，失去了原则性和主动性，同时也失去了"独立性"。

30多年来，工程监理行业参与完成了一大批"急难险重"任务，也完成了大量"高大精深"项目，工程监理发挥了不可替代的作用。但同时也应看到，工程监理行为尚待进一步规范，还有相当一部分"签字监理""程序监理"的存在，低水平监理工作和"监理工作不到位"现象时有发生，使工程监理行业饱受诟病，认为工程监理"形同虚设""可有可无"。此外，个别监理人员职业道德水平低下，"吃拿卡要"成为其常态和习惯，严重影响了工程监理行业整体形象，也对工程监理行业健康可持续发展造成严重损害。

5.1.4 工程监理方式和手段陈旧，难以适应建造方式发展

进入现代科技高速发展阶段，建筑新技术、新材料、新工艺、新设备不断出现，工程建造方式也在转变，需要工程监理单位和监理人员不断学习，适应时代发展需求。首先，建筑信息模型（BIM，Building Information Modeling）已在工程建设领域得到广泛应用，但大多数工程监理单位基本上仍停留在被动"用"的阶段，只是将别人建立的模型拿来用而已，很少有工程监理单位自己建模并自己开发应用产品，更没有开发出适用于工程监理的独立应用场景。其次，大数

据、云计算、物联网、区块链、人工智能等新一代信息技术的飞速发展，促进了智能建造方式的发展。同时，以装配式建筑为代表的建筑工业化发展，也给工程监理提出了新的要求。显然，在当代智能建造、工业化建造方式下，不创新监理方式，不掌握现代技术手段，仅靠传统的监理方式和手段，仍停留在"一把尺子干监理"的水平，是会被现代科技时代淘汰的。

即使在传统建造方式下，随着人民生活水平提高和建筑品质提升，工程建设中的建筑安装工程费构成比例也发生了很大变化。以住宅工程为例，20年前建筑结构所花费用在建筑安装工程费中的占比会达80%以上。在此情形下，工程监理工作以土建专业为主似乎没有太大问题。但在当前形势下，由于装饰装修、强弱电设备费用等占比在不断提高，建筑结构所花费用在建筑安装工程费中的占比只有40%左右。而大多数工程监理单位还未很好地适应这一变化，未能及时调整单位整体及派出的项目监理机构中监理人员的专业结构。值得指出的是，有相当一部分监理人员的学习能力不强，还在凭借20年前的"老经验""老习惯"在进行监理工作，没有及时跟进行业发展和技术进步。

5.2 新发展形势下工程监理行业面临的挑战

近年来，工程建设领域新的发展形势，在给工程监理行业带来机遇的同时，也带来挑战，提出新的更高要求。工程监理企业及监理人员需要认清发展形势，适应新的形势变化，主动求变，才能在危机中育先机，于变局中开新局，谋求生存和进一步发展。

5.2.1 建筑市场环境变化带来的挑战

改革开放40多年来，我国固定资产投资作为国民经济发展的重要组成部分，长期保持高速增长。20世纪90年代，住房制度改革推动了我国房地产市场的发展，房地产成为国民经济支柱产业，造就了房地产市场长达25年的大繁荣。2015年之后，我国国民经济总量已达到较大规模，城镇化持续推进并已达到较高水平，"后工业化"发展时期的特征已开始显现，经济增长和固定资产投资增速步入常态化平稳阶段。固定资产投资环境已发生根本性改变，投资与项目的关系已由当初投资效益好的项目多、资金缺乏的"项目找钱"，变为资金充裕、但投资收益高的好项目少的"钱找项目"。固定资产投资领域已由资金主导型变为项目主导型，而且，由于新冠疫情和乌克兰危机等导致的风险挑战增多，我国经济发展环境的复杂性、严峻性、不确定性上升，稳增长、稳就业、稳物价面临新的挑战，工程监理行业必然要随之由快速发展阶段进入高质量发展阶段。

随着我国城镇化率达到一定水平、房地产市场总体趋于饱和，新建项目数量在减少，城市更新中老旧厂区、老旧小区、老旧街区、城中村等改造项目数量在增加。一直以来所熟悉的新建项目以结构质量和施工安全为主要监理职责、以"不倒楼"为底线的监理工作习惯，已不再适应过去可能"看不上"的改造类项目的咨询和监理需求。

从国际化视角看，由于国内基本建设管理体系中的细化分工，使得工程监理行业难以适应"走出去"战略和"一带一路"建设需要。对于国内工程建设，由于我国工业体系配套、物流便利、信息渠道畅通，很多工程机械、材料、设备等，通常只需一个电话就能解决。但对于国外建设项目，可能就不具备这些条件。同样地，工程管理人员也不具备这样方便的"配套"条件，需要所有出国的工程管理人员都是"一专多能"的综合型人才是难以做到的。

总之，固定资产投资及房地产市场变化、城镇化水平及城市更新发展、"一带一路"建设广泛深入推进等，给工程监理行业发展带来前所未有的挑战。特别是对于占工程监理行业大多数以房屋建筑、市政公用工程为主业的工程监理单位而言，一方面市场规模在缩小，另一方面有资质的企业数量在增加，两方面因素共同作用，势必会增加无序竞争。

5.2.2 工程建造方式变革带来的挑战

首先，是传统意义上的施工单位地位在变化，项目内部管理体系也在变化。工程监理的主要对象是施工单位，而施工单位又是在施工现场掌握资源最多的一方。首先有些大型建筑企业与资本紧密结合，在承包工程施工的同时已开始进行房地产投资开发。更有甚者，在有些项目中，尽管建设单位、设计单位、施工单位、工程监理单位等在表面上是不同的法人主体，但实际上都是由施工承包起家的资本所控制；有些建筑企业还通过PPP等模式跨越"纯施工"领域，介入资本运作领域。有些大型国有建筑企业通常还会有行政级别或默认的行政级别。管理层和劳务层分离的改革，使很多建筑企业逐步变成"轻资产"的"管理公司"，劳务是分包的、设备是租赁的、材料是统一采购的，过去在施工现场实行的"自检、互检、交接检"不复存在，个别项目甚至出现由一位资料员来对接监理单位和分包单位的不可思议的情况。

其次，是工程总承包模式的实行，需要对传统意义上的五方责任主体职责予以进一步明确和定义。国家大力提倡实行工程总承包，鼓励施工单位和设计单位互相取得资质，通过工程总承包实现工程设计和施工的深度融合。尽管在我国实行工程总承包维持了建设单位–咨询与监理单位–承包单位的"三角形"稳定制约管理架构，但在此模式下实施工程监理，对工程监理单位的综合业务能力提出了更高要求。在工程总承包模式下，工程设计与施工成为一体，工程监理单位不仅要进行施工质量控制和安全生产管理，而且要有较强的合同管理、造价管理和设计管理能力。

最后，是装配式建筑得到空前发展，对工程监理工作提出新要求。有些地方政府明确规定了住宅建筑采用混凝土结构装配率的指标，有的地方政府还鼓励公共建筑采用装配式钢结构。与传统的现浇混凝土结构建筑相比，由于装配式混凝土结构建筑、装配式钢结构建筑需要综合考虑构件拆分、构件生产、垂直运输安排等诸多方面因素，设计、构件生产、施工等相关单位需要密切配合，因而需要工程监理单位及监理人员掌握从设计–深化设计–构件生产运输–构件安装全过程、全方位知识。同时，装配式建筑对工程监理人员的质量控制工作提出了新的更高要求。首先，预制混凝土构件和钢构件生产质量是决定装配式建筑整体质量的关键环节。为此，需要工程监理人员实行驻厂监造。但由于监理费用、驻厂人员的专业性及组织协调等原因，驻厂监造未能体现其应有价值。其次，由于构件的工厂化生产加工精度大大高于传统的现浇混凝土结构精度，于是在施工现场的结构转换层、预制与现浇的交接面等重点部位，对于现浇部分的质量有了更高要求。为此，需要工程监理人员严格关键工序质量控制，以适应装配式建筑需求。

总之，工程建造方式的变革，不仅使工程监理的职责范围扩大，而且需要工程监理单位及监理人员提升综合业务能力。

5.2.3 发展全过程工程咨询带来的挑战

近年来，国家在工程咨询领域大力提倡培育全过程工程咨询，并结合我国国情和现行管理体制，将全过程工程咨询分为投资决策综合性咨询和工程建设全过程咨询。投资咨询、工程勘察、工程设计、招标代理、工程监理、造价咨询等工程咨询类单位可分别承担投资决策综合性咨询或工程建设全过程咨询业务，也可承担包含投资决策综合性咨询和工程建设全过程咨询在内的全部咨询业务，还可根据委托方需求针对某一专门问题提供单项咨询服务。最终目的是要"培育一批具有国际水平的全过程工程咨询企业"。由此可见，国家提出培育全过程工程咨询是从国际化发展考虑的，而不是仅仅基于我国目前的工程咨询、监理及项目管理实践简单相加后对全过程工程咨询进行"自定义"。

全过程工程咨询是指工程咨询方综合运用多学科知识、工程实践经验、现代科学技术和经济管理方法，采用多种服务方式组合，为委托方在项目投资决策、建设实施阶段提供阶段性或整体解决方案的综合性智力服务活动。全过程工程咨询强调智力性策划、多阶段集成，通过对投资建设方案进行技术经济分析论证和实施全过程管控，为委托方投资决策和建设管理提供增值服务。

由于全过程工程咨询的覆盖面广、涉及专业多、管理界面宽，对于工程监理企业而言，发展全过程咨询尚有诸多挑战。首先，是来自外部相关行业的竞争。各位咨询企业均有发展全过程工程咨询的愿望，特别是工程设计企业期望发展以设计为龙头的全过程工程咨询、工程造价咨询企业期望发展以投资管控为核心的全过程工程咨询。对于工程监理企业而言，发展以工程监理为主导的全过程工程咨询，有着较为明显的优势。这些优势表现在：工程监理单位服务意识强，更善于与委托方（建设单位）协同工作。工程监理单位辅助决策能力强，具有全过程工程咨询所需的全局掌控能力。工程实施阶段工作经验丰富，更擅长协调各方关系。但尽管如此，工程监理企业发展全过程工程咨询会有投资咨询、工程设计、造价咨询、招标代理等相关行业的竞争。

其次，是对工程监理企业自身业务能力的挑战。多数工程监理单位及监理人员因长期养成的习惯和惯性思维，擅长于以工程质量和安全生产为核心的工作职责，习惯于按照工程监理制度和标准程序性地完成相关工作。但面对全过程工程咨询，则需要更全面、更专业、掌控能力更强的专业团队和人员。要从过去习惯的"被动"工作模式转变为"主动"工作模式，要能够满足不同委托方的个性化需求，为委托方提供综合性智力服务。要提升规划设计或设计管理能力、技术咨询能力和综合集成管理能力，通过全过程综合掌控和跨阶段集成管理，力争为委托方创造价值，而不只是完成一些程序性工作内容。

5.2.4　数字化转型发展带来的挑战

随着信息技术的飞速发展，全球正加速迈向以万物互联、数据平台为支撑的数字经济时代。发展数字经济与我国经济社会转型和高质量发展有着密切关系，也是抓住第四次工业革命的巨大历史机遇，在未来国际竞争中获得相对优势的需要。党的十九届五中全会提出了加快数字化发展和发展数字经济、建设数字中国的要求。《"十四五"数字经济发展规划》（国发〔2021〕29号）更是明确提出，要促进数字技术在全过程工程咨询领域的深度应用。工程监理企业无论是实施工程监理还是发展全过程工程咨询，均需要适应数字化转型发展形势。这对于多数工程监理企业而言，将面临巨大挑战。工程监理行业仅对单一的BIM技术应用尚处于滞后状态，更不用说大数据、云计算、物联网、区块链、人工智能等新一代信息技术的融合应用。

数字化转型发展正在改变建筑业传统的生产组织方式和商业模式，智能建造也在得到快速推进和发展。智能建造的显著特点是融合应用新一代信息技术，并不断提高建造过程中的智能化水平，减少对人的依赖。显然，在此情境下仍采用传统的工程监理方式，将会失去其意义。因此，为了适应智能建造需要，也需要工程监理企业加大科技投入，培养数字化人才，积累工程监理数据，开发工程监理数字化平台，以适应"数字监理""智慧监理"发展需求。

第三部分

工程监理行业高质
量发展政策及策略

第 6 章

工程监理行业
高质量发展政策

在高质量发展形势下，为了更好地抓住发展机遇，应对工程监理行业发展过程中存在的问题和面临的新挑战，需要着力从明确监理职责清单、创新动态监管方式、发挥行业协会作用等方面推进工程监理行业持续健康发展。

6.1 明确监理职责清单，推进监理工作标准化

尽管《建筑法》《建设工程质量管理条例》《建设工程安全生产管理条例》等相关法律法规，国家标准《建设工程监理规范》GB/T 50319—2013、《建设工程监理合同（示范文本）》GF—2012—0202及相关政策等明确了工程监理职责，但由于工程监理的相关法规政策及标准等尚不完善，人们对工程监理制度的认识还不够统一，使本该是在工程施工阶段进行"三控两管一协调+履行建设工程安全生产管理的法定职责"的监理工作，要么缩小工作范围，只围绕施工质量控制和安全生产管理实施监理；要么使安全生产管理职责扩大化。而且，随着建筑工业化、智能建造等发展，工程监理单位及监理人员到底做哪些工作、做到什么程度，才算是履职尽责，将需要通过明确工程监理职责清单和推进工程监理工作标准化来解决问题。

1. 工程监理职责清单有待进一步明确

为夯实工程监理职责，需要结合建筑业高质量发展形势，进一步研究界定实施监理的工程范围，明确监理工作事项和工作深度，细化监理工作要求，建立施工现场监理职责清单，提高工程监理工作的专业针对性和实际可操作性。特别是要明确建筑材料、构配件、设备在施工现场的查验职责和危险性较大的分部分项工程施工的专项巡视检查职责，确保施工现场监理人员履职到位。同时，要基于监理职责清单和工作标准，制定工程监理履职尽责管理办法，做到尽职免责、失职追责及责罚相当，促进工程监理企业和监理人员履职尽责、廉洁自律。

2. 加快完善工程监理工作标准体系

为有效发挥工程监理作用，仅靠一部国家标准《建设工程监理规范》GB/T 50319—2013难以满足要求。各地区、各行业虽已发布和实施一些工程监理标准，但尚未形成完整的工程监理工作标准体系，有的甚至就是国家标准《建设工程监理规范》GB/T 50319—2013的翻版。要界定监理工作范围，明确监理工作内容和深度，迫切需要完善工程监理工作标准体系。国家鼓励行业协会大力推进团体标准的编制和实施，以标准化、规范化促进工程监理工作科学化。

为推进工程监理工作标准化，促进工程监理行业持续健康发展，中国建设监理协会于2019年组织开展了建设工程监理工作标准体系课题研究，形成了建设工程监理工作标准框架体系，如图6-1所示。该标准框架体系从专业工程、工作任务和人员职责三个维度提出了工程监理工作标准体系应包含的各类标准。这些标准既各有侧重，又相互补充，共同构成工程监理工作标准体系。

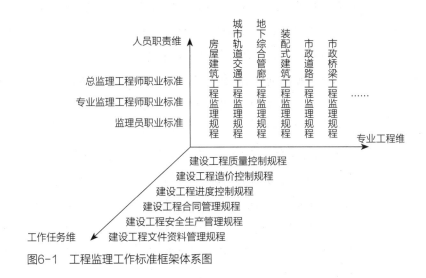

图6-1　工程监理工作标准框架体系图

推进工程监理工作标准化，不仅有利于明确监理工作职责、内容和深度，指导和规范工程监理人员从事工程监理活动，提高工程监理服务品质；而且有利于建设单位评价工程监理服务质量，抑制市场竞争中的不合理压价；还有利于判别工程质量安全事故（特别是生产安全事故）发生后工程监理人员是否履职尽责。近年来，中国建设监理协会十分重视工程监理工作标准化工作，已立项研究编制20余项团体标准，有的已正式发布，有的尚在试行完善中。今后，还将会继续大力推进工程监理标准化工作。

6.2 创新动态监管方式，加强事中事后监管

为进一步落实"放管服"深化改革要求，2019年3月印发的《国务院办公厅关于全面开展工程建设项目审批制度改革的实施意见》（国办发〔2019〕11号）首次在"加强事中事后监管"中提出，要"进一步转变监管理念，完善事中事后监管体系，统一规范事中事后监管模式，建立以'双随机、一公开'监管为基本

手段，以重点监管为补充，以信用监管为基础的新型监管机制，严肃查处违法违规行为。"随后，在2019年7月国务院办公厅印发的《关于加快推进社会信用体系建设 构建以信用为基础的新型监管机制的指导意见》（国办发〔2019〕35号）再次强调，要"按照依法依规、改革创新、协同共治的基本原则，以加强信用监管为着力点，创新监管理念、监管制度和监管方式，建立健全贯穿市场主体全生命周期，衔接事前、事中、事后全监管环节的新型监管机制，不断提升监管能力和水平，进一步规范市场秩序，优化营商环境，推动高质量发展。"2019年9月印发的《国务院办公厅转发住房城乡建设部关于完善质量保障体系 提升建筑工程品质指导意见的通知》（国办函〔2019〕92号）也要求，要"完善日常检查和抽查抽测相结合的质量监督检查制度，全面推行'双随机、一公开'检查方式和'互联网+监管'模式，落实监管责任。"2019年10月，国务院发布《优化营商环境条例》（国务院令第722号），再次要求"政府及其有关部门应当按照国家关于加快构建以信用为基础的新型监管机制的要求，创新和完善信用监管，强化信用监管的支撑保障，加强信用监管的组织实施，不断提升信用监管效能。"

上述法规及政策均对创新动态监管方式，加强事中事后监管提出要求。综合相关法规及政策要求，政府部门为加强事中事后监管，需要在协同监管、信用监管和"互联网+监管"方面寻求创新。

1. 协同监管

2019年9月印发的《国务院关于加强和规范事中事后监管的指导意见》（国发〔2019〕18号）明确要求，要"构建协同监管格局"，具体包括：加强政府协同监管、提升行业自治水平和发挥社会监督作用。因此，协同监管格局应是"政府监管＋行业自律＋社会监督"各行其责、相互协同，共同发挥作用的监管格局。除政府监管、社会监督外，按照《国务院关于加强和规范事中事后监管的指导意见》要求，行业协会要在规范会员行为、制定相关标准、权益保护和纠纷处理、信用监管等方面发挥作用。

2. 信用监管

与传统监管方式相比，信用监管的本质是要根据市场主体信用状况采用差异化监管手段，实现对守信者"无事不扰"，对失信者"利剑高悬"，从而提高监管效能。实施信用监管，主要体现在以下三方面。

（1）贯穿市场主体全生命期。

与传统的断续式监管方式不同，信用监管是贯穿市场主体事前、事中、事后全生命期的新型监管机制。在事前监管环节，通过实施"告知承诺制"，提高市场主体依法诚信经营意识。在事中监管环节，全面建立市场主体信用记录，大力推进信用分级分类监管。在事后监管环节，做好失信行为联合惩戒。

（2）实施分级分类监管。

传统的监管方式对所有监管主体平均用力，监管成本高，市场主体压力大、受干扰多。而以信用为基础的新型监管机制是根据市场主体的信用等级高低来采取差异化监管措施，让有限的监管力量"好钢用在刀刃上"。

（3）实施精准监管。

信用监管更加强调采用"互联网+"、大数据等手段，有效整合各类信用信息，建立风险预判预警机制，及早发现和防范工程质量安全重大风险，为监管部门开展精准监管奠定坚实基础。信用监管也强调要充分发挥公共信用综合评价、行业信用评价等各类信用评价的作用，对市场主体信用状况进行精准刻画，为监管部门开展差异化监管提供依据。信用监管还强调建立失信主体的信用修复机制，为失信主体提供自我纠错、改过自新的机会，有效激发市场主体守信意愿。

3. 互联网＋监管

"互联网+监管"是指要依托国家"互联网+监管"等系统，推动监管平台与企业平台联通，实现以网管网、线上线下一体化监管。"互联网+监管"既符合党中央、国务院关于推动大数据发展战略部署要求，也是"放管服"深化改革的重大任务，可以有效促进电子政务发展，实现监管工作的标准化、信息化、规范化、公开化，构建集约、高效、透明的政府治理和运行模式。"互联网+监管"方式将会具体表现在以下四方面。

（1）动态监管。

改变定点、定时的传统静态监管方式，从全过程、全方位、多角度监管市场主体日常管理情况，通过工程主体结构识别、施工关键部位监控、人员行为采集及分析等，实现智能化识别、定位的监控。

（2）综合监管。

依托国家统一建立的在线监管系统及行业监管平台，加强监管信息归集共享和关联整合，消除信息壁垒，统一整合各部门的日常检查、专项检查、视频监控、"双随机"检查等工作，实现由单项业务监管向业务协同监管转变。

（3）精准监管。

可以压减行政许可事项，简化行政审批手续，减少重复、冗余监管环节，提高政府监管部门的行政能力。同时，通过推行远程监管、移动监管、协同监管，可提升监管的精准化和针对性。

（4）风险预警。

基于大数据、云计算、物联网和人工智能技术的发展，通过对已建工程海量数据和在建工程数据的分析处理，识别在建、拟建工程的风险点、难点及事故致因等，为建筑市场监管工作提供决策支持，实现工程建设风险预警，可有效防范重大质量安全事故。

6.3 发挥行业协会作用，促进行业自律和智库建设

随着建筑市场"放管服"改革的不断深化，行业协会在"提供服务、反映诉求、规范行为、促进和谐"等方面的作用日趋重要。结合工程建设高质量发展需求及行业协会当前发展实际，需要在行业自律和智库建设等方面进一步发挥行业协会的重要作用。

1. 加强行业协会自律管理

行业协会是联系政府与市场之间的桥梁，是成熟市场经济体制中的一种重要治理力量，对市场秩序和行业发展秩序的建立和维护有着不可或缺的重要作用。《国务院办公厅关于加快推进社会信用体系建设构建以信用为基础的新型监管机制的指导意见》（国办发〔2019〕35号）明确要求，要积极引导行业组织和信用服务机构协同监管。支持有关部门授权的行业协会商会协助开展行业信用建设和信用监管，鼓励行业协会商会建立会员信用记录，开展信用承诺、信用培训、诚信宣传、诚信倡议等，将诚信作为行规行约重要内容，引导本行业增强依法诚信经营意识。

与政府监管相比，行业自律在某种程度上可能是一种成本更低也更为有效的监管途径。为此，应加强行业协会建设，提升其专业化程度和行业自律能力，在信用体系建设及动态监管方面发挥更大作用。通过开展信用评价并应用评价结果，可以激励工程监理企业诚信经营。

2. 加强行业协会智库建设

行业协会除了要发挥政府与企业之间的桥梁纽带作用外，还应成为行业创新发展的驱动力和孵化加速器。为此，应充分发挥行业协会扎根行业、服务企业、辅助政府、凝心聚力的独特优势和平台作用，加强智库建设，建立健全行业人才库、专家库、数据库、资料库，组织行业资深专家研究行业发展趋势和政策，针对行业发展难点、热点问题进行专题研究，为政府部门进行行业规划和政策制定提供依据和智力支撑，同时也能为工程监理企业发展提供咨询和指引。

第 7 章

工程监理企业及人员
高质量发展策略

工程监理行业持续健康发展，依赖于工程监理企业的科学发展和工程监理人员素质的不断提升。为了更好地适应建筑业高质量发展形势，进一步推进工程监理可持续发展，工程监理企业及监理人员需要有科学的发展策略。

7.1 工程监理企业发展策略

工程监理企业做好工程监理工作、履行工程监理职责，是其根本和立足基础。随着建筑工业化、数智化、国际化发展，工程监理企业需要适应新发展形势，转变监理工作方式，创新监理工作手段，做优、做精工程监理。对于有条件的大型工程监理企业，可以拓展经营业务，发展全过程工程咨询等综合性业务，做大、做强工程咨询，发展成为具有国际水平的全过程工程咨询企业。

7.1.1 大力引育工程监理人才

人才是工程监理企业的第一资源，在现代企业和经济发展形势下，工程监理企业应充分认识人才队伍建设的重要性。工程监理企业要制定和实施与企业发展战略相匹配的人力资源发展战略，不断完善企业内部人才梯度建设。要重视人才选拔，从企业内部和市场中发现人才；要加强专业人才培养，理论培训与实践培养相结合，不断提高人员素质，为提高企业核心竞争力，实现企业的愿景和战略目标提供坚实的人才保障。

工程监理企业加强人才梯队建设，应从被动地根据工作岗位需要选拔人才向主动地根据战略发展需要选拔人才转变，要从出现人才缺口时临时选拔人才向内部选拔关键人才与外部引进储备战略型人才相结合转变，要从满足企业当前经营业务需要引育人才向满足企业发展未来竞争优势需要引育人才转变，要从重视培养业务条线人员向重视培养各层级、各职能人才转变。

工程监理企业人才队伍建设应贯穿招聘、培训和任用全过程，要为工程监理专业人才打造良好的成长平台。工程监理企业要根据自身整体发展战略，结合自身不同发展阶段及不同区域发展需求等，完善人才引进与储备机制，引进和储备全能型、复合型人才，着力选拔培养年轻核心技术骨干、储备干部，形成一批懂管理、懂工程实践的技术骨干队伍，并定期进行人才更新管理，保证企业人才库动态发展。

工程监理企业应根据人才的稀缺性和岗位的重要性，采用分级培养与管理机制，注重提高员工专业知识和综合管理能力，提升公司整体竞争力，为实现企业人才可持续发展助力。可通过"传、帮、带"等方式，加强对核心骨干人才培养，完善对员工的职业规划引导，加强各类别、各层级人员业务培训，提升人才的技术能力和综合性管理能力，提升企业内力和可持续发展水平。工程监理人员上岗前，要组织岗前培训，培训内容可包括：监理工作职责、主要工作内容及方法，监理行为规范及安全教育，相关法律法规、规范标准要求及相关工作流程等。对工程监理人员进行在岗培训时，需要采取多样化培训方式，如企业内部培训、岗位锻炼、参加企业外部各类专业培训及各类执业资格考试等。还可以在企业内部实施轮岗制度，不仅可以避免某一些岗位过多地依赖于某位员工，同时员工也可有更多的实践经验，有利于成为"一专多能"的复合型人才。

工程监理企业应重视对工程监理人员职业精神的重塑，大力倡导以"公平、独立、诚信、科学"为核心的监理执业准则，引导监理人员在不断提升专业技能的同时，能够以专业知识为基础进行独立分析判断，始终保持正确的职业价值观和社会责任感。工程监理企业还应加大企业内领军人才的培养和选拔力度。争取树立行业人才标杆，充分发挥企业内部榜样力量和外部品牌价值。

7.1.2 扎实推进工程监理标准化

工程监理企业应依照法律、行政法规及工程建设标准、设计文件和合同，在建设单位委托授权下切实履行监理职责。为保证工程监理服务质量，应扎实推进工程监理标准化。工程监理企业推进工程监理标准化，并非只是通过质量管理体系（ISO 9000）、环境管理体系（ISO 14000）和职业健康安全管理体系（ISO 45000）认证，还要根据风险管理体系（ISO 31000）标准建立企业自身的工程监理风险管理体系。要结合企业自身经营业务，切实贯彻执行"说出要做的、按说出的去做、记录所做的"管理体系标准要求，形成企业自身工作指南、操作手册、作业指导书等专业工作标准，指导和规范企业所派驻施工现场各项目监理机构的工作。

工程监理企业推进标准化，还要在工程监理国家标准、地方标准、行业标准及团体标准的基础上，制定要求更加严格的企业标准。而且，还要结合建筑工业化、工程总承包、PPP实施模式等，编制符合工程监理工作实际需求的企业标准。这不仅有利于工程监理人员履职尽责，为建设单位提供优质服务；而且有利于树立工程监理企业品牌形象，提升核心竞争力。同时，也有利于净化工程监理市场，规范工程监理行为，促进工程监理行业持续健康发展。为此，工程监理企业应在全面梳理既有规章制度、标准文件的基础上，做好企业内部标准化建设顶层设计，系统全面并富有前瞻性地建立和完善企业层面的工程监理标准体系。

7.1.3 积极拓展企业经营业务

工程监理企业的主要经营业务是提供施工阶段监理服务，这是其立足和发展之根本。因此，大部分工程监理企业仍将主要从事施工现场监理服务，并逐步发展成为行业或专业领域的"专、精、尖、特"监理企业。但部分工程监理企业将会通过组织架构调整、技术升级创新、人才素养提升等方式，发展成为能提供跨阶段组合咨询服务或同一阶段不同类型咨询组合服务的多元化咨询服务企业，少数大型综合性工程监理企业将会通过兼并重组等方式发展成为全过程工程咨询服务企业。此外，还有一些工程监理企业将会通过"原服务+"方式拓展经营业务，形成多元组合服务特色和优势，在服务主体多元化、服务模式多样化、服务内容组合化等方面实现转型升级。

就服务主体多元化而言，是指工程监理企业不只是为建设单位提供施工监理服务，而且可以拓宽到政府购买监理巡查服务、保险公司TIS机构、工程投资方或运营方咨询服务等。

就服务模式多样化而言，是指工程监理企业不只是在传统的设计–招标–施工（DBB）模式下提供施工监理服务，还可在建筑师负责制、PPP、工程总承包、装配式建筑等实施模式下提供监理服务。

就服务内容组合化而言，是指工程监理企业可提供诸如"投资咨询+招标代理""招标代理+工程监理""工程监理+项目管理""项目管理+造价咨询"等甚至是多个单项组合服务，以发挥多项咨询组合服务价值，并形成工程监理企业的创新业务点。

7.1.4 尽快适应国际化发展

我国已成为世界第二大经济体，经济发展正由过去的吸引外资拉动内需模式逐渐转化为外向投资扩大出口的发展模式。尤其是"一带一路"建设，其核心内容就是要促进区域基础设施建设和互联互通，在道路、口岸、航空等基础设施建设方面为工程监理企业创造了大量参与机会。工程监理企业应尽快适应国际化发展，抓住"一带一路"建设及RCEP实施机遇，敢于"走出去"主动参与国际市场竞争，提升企业国际竞争力和行业国际影响力。在参与国际竞争起步阶段，可通过与有国际业务的国内公司合作、与国际化工程（咨询）企业合作等方式，积累经验、缩短差距，尽快熟悉国外市场环境和业主需求，逐步提升自身国际化咨询服务能力。

人才是推动工程监理企业国际化的重要基础和关键保障。工程监理企业"走出去"参与国际市场竞争，需要有懂专业、懂管理、懂外语、善于交流和沟通的国际化人才，这是国内多数工程监理企业的短板。为此，工程监理企业要树立国际化引才理念，摒弃传统的人才管理模式，将专业人才国际化视为一项长期实施的系统工程。一方面，要适应国际市场形势发展，准确把握国际化人才需求，采取多种方式培养国际化人才，切实提升人力资源质量；要探索和完善国际化引才机制，积极引进具有国际视野、通晓国际规则、精通外语、有创新思维和能够进行跨文化交流的国际及港澳工程咨询领域优秀人才。

7.1.5 主动应对数智化转型发展

当前，5G网络、数据中心等新型基础设施建设为代表的"新基建"蓬勃发展，"数字建筑""数字城市""智慧建筑"乃至"智慧城市"将会得到大力发展。数智化时代的到来，一方面将工程监理对象由单一的传统工程转变为传统工程与"新基建"并行发展的局面；另一方面由于智能建造、数字交付等快速发展，需要工程监理企业与时俱进，加大科技投入和新一代信息技术应用力度，积极推进企业数字化、智能化转型。

工程监理企业应综合应用建筑信息模型（BIM）、城市信息模型（CIM）、区块链、大数据、云计算、物联网、地理信息系统（GIS）、人工智能等新一代信息技术，掌握先进科学的工程咨询及项目管理技术和方法，开发工程咨询及项目管理平台，结合工程咨询及监理实践经验，积极探索"数字监理""智慧监理"，努力提高工程咨询及监理数智化水平。

7.1.6 着力打造企业核心品牌

工程监理企业的社会影响力主要包括企业资质等级、企业声誉和品牌、企业国际化程度、市场占有率、全员劳动生产率。在现今市场经济发展日趋深化，企业竞争力日益激烈，工程监理市场问题严重，最主要的表现就是工程监理企业竞争力不强。而提高企业竞争力的一个主要方面便是企业实施品牌战略，提高企业的知名度。品牌战略的实施有利于工程监理企业树立良好的形象，提高员工向心力；提高经济效益，保证企业不断壮大和持续发展；提升企业的产品市场竞争力，提高企业知名度；促进企业市场经营拓展，监督和保证服务质量。

　　首先，工程监理企业宜树立品牌战略意识，选准目标市场，着力提高品牌竞争能力。由于企业资源的有限性，使企业不可能为所有的细分市场服务。因此，企业必须依据自身资源的特点开展调研，选择能发挥资源优势且规模适宜、前景看好的细分市场。其次，工程监理企业宜以人为本强化管理，创造优质服务。企业在创建名牌产品时，不但要在量上、技术、设备等"硬件"上进行管理，还要不断提高运用信念、理想等"软件"管理企业的水平，促进企业管理水平的全面提高。再次，工程监理企业宜结合品牌定位，培养客户品牌偏好和品牌忠诚。品牌偏好与品牌忠诚的建立是品牌树立的前提，需要企业有良好的市场信誉与道德规范作保证，同时还要有保持对客户进行追踪调整。因此，建立客户反馈系统，不断搜集客户满意度，通过企业实力赢得客户信任，由信任转化为对企业的品牌关爱，最终转变为持续的战略合作伙伴关系。

7.2 工程监理人员发展策略

　　工程监理人员可分为注册执业人员和非注册人员两大类。虽然近年来报考全国监理工程师职业资格的人数在大幅增长，但注册监理工程师数量仍不能满足工程建设需求，工程监理队伍整体素质仍有待进一步提升。

7.2.1 注册执业人员职业发展策略

　　根据注册监理工程师现实情况，应建立和完善多渠道、多层次和多种形式的人才培养体系。从行业角度考虑，要重视注册监理工程师继续教育，结合注册监理工程师管理办法的修订，完善注册监理工程师继续教育培训机制。行业协会可发挥其平台优势，采用"线上+线下"相结合模式，通过现场授课、专题培训、学术研讨、经验交流、微课学习等方式，使继续教育真正发挥作用。行业协会可组织工程监理专家结合工程咨询及监理实际需求，研究总结和开发注册监理工程师继续教育课程，教学内容应包括相关法规政策及标准、工程咨询及监理新理论和新方法、职业道德规范、现代工程技术及信息技术等。通过继续教育，在为会员提供服务的同时，引领工程监理全行业健康发展。同时，要积极搭建国内外交流学习平台，加强国内外工程咨询企业和行业组织的交流与合作，学习借鉴国内外各类先进管理理念、方法和技术，不断提高注册监理工程师综合素质和业务能力。

工程监理企业应结合自身实际需求，加强注册监理工程师的培训工作，避免使注册监理工程师继续教育实行告知承诺制后"形同虚设"。支持和鼓励工程监理企业自行组织或联合组织注册监理工程师业务培训，一方面为提高工程监理服务水平需要进行业务培训和经验交流，另一方面也是为应对智能建造、工业化建造、绿色建造等新的市场需求及发展全过程工程咨询业务的需求。工程监理企业应建立以执业能力为基础、以工作业绩为重点、以奖优惩劣为手段的绩效考核机制，充分调动工程监理人才不断提升职业素养的积极性。

要注重工程监理行业领军人才的选拔和培养。鼓励和支持工程监理企业布局创新型人才专项计划，大力选拔和培养一批具有发展潜力的中青年创新领军人才。树立行业人才标杆，充分发挥领军人才示范引领作用。

7.2.2 非注册人员职业发展策略

非注册人员也是工程监理行业及企业不可或缺的重要力量，这些人员的业务素质也在很大程度上影响着工程监理服务质量乃至工程监理行业发展。

对于有条件报考监理工程师职业资格的，工程监理企业要引导和鼓励其积极参加全国监理工程师职业资格考试。为此，工程监理企业可为报考人员参加课程培训和考试复习创造条件和提供便利，对于考试通过并注册的监理人员，给予费用报销、补贴和表彰奖励等。这样，既可提高员工对企业的忠诚度，又可提高工程监理人员的专业技能，进一步增强企业核心竞争力。

对于其他从业人员，工程监理企业也要建立和完善工程监理业务人员培训体系，结合工作需要有针对性地开展法规政策、企业文化、业务技能、安全防范、职业道德等方面教育。

大事记

• 1988 年

7月25日，建设部印发《关于开展建设监理工作的通知》（〔88〕建建字第142号），《通知》就启动建立建设监理制度，开展建设监理工作做出初步安排，明确阐述了在我国建立实施建设监理制度的必要性、建设监理的范围和对象，建设监理的组织机构和工作内容，实施建设监理的步骤，标志着我国建设监理制度开始建立。

8月13日，建设部在北京召开第一次全国建设监理试点工作会议，研究落实《关于开展建设监理工作的通知》要求，商讨监理试点工作的目的、要求，确定监理试点单位的条件等事宜。

10月10日，建设部在上海召开第二次全国建设监理试点工作会议，会议研究拟定了《关于开展建设监理试点工作的若干意见》，明确了建设监理试点工作的指导思想、目的、组织领导、试点监理单位、试点监理工程、监理工作内容，试点范围确定为北京市、天津市、上海市、沈阳市、哈尔滨市、南京市、宁波市、深圳市8市和能源、交通两部。

11月12日，建设部印发《关于开展建设监理试点工作的若干意见》（〔88〕建建字第366号），对七个方面的问题进行了规范和阐述：一是试点的指导思想和目的。二是试点工作的组织领导。三是建设监理单位的建立和管理。四是建设监理业务的取得和监理工作内容。五是试点工程的确定。六是监理收费。七是监理单位与建设单位和承建单位的关系。

• 1989 年

4月，建设部建设监理司与上海市建委合作创办了全国公开发行的杂志《建设监理》，委托上海建筑科学研究院具体承办。《建设监理》杂志以传达政策、沟通情况、介绍经验和发表论文为主要内容。

7月28日，建设部发布《建设监理试行规定》（〔89〕建建字第367号），提出建设监理包括政府监理和社会监理，确定了建设监理在建设前期阶段、设计阶段、施工招标阶段、施工阶段和保修阶段的主要工作内容。

10月23日至26日，建设部在上海召开第三次全国建设监理试点工作会议。建设部副部长干志坚作了题为《总结经验 深化改革 进一步开拓建设监理工作》

的报告。会议的重要意义在于把建设监理试点工作从八市二部的范围扩大到全国各地区、各部门，从而使建设监理的试点工作进入一个新的更加广泛的阶段。

• **1990 年**

12月12日至14日，建设部在天津召开第四次全国建设监理工作会议暨京津塘高速公路建设监理现场会，总结、推广京津塘高速公路建设工程监理经验，推动建设工程监理工作在全国范围的进一步发展。

• **1991 年**

3月28日，为促进我国建设监理试点工作进一步深入开展，建设部和人事部根据即将颁发的监理工程师岗位资格认证标准共同确认了首批100名监理工程师的执业资格，标志着我国建设领域首次建立了执业资格制度。

• **1992 年**

1月18日，建设部发布《工程建设监理单位资质管理试行办法》（建设部令第16号），自1992年2月1日起施行。《办法》所称工程建设监理，是指监理单位受建设单位的委托对工程建设项目实施阶段进行监督和管理的活动；所称监理单位，是指取得监理资质证书，具有法人资格的监理公司、监理事务所和兼承监理业务的工程设计、科学研究及工程建设咨询的单位。2001年8月29日、2007年6月26日和2016年9月13日（建设部令第102号、第158号、住房和城乡建设部令第32号）三度修订，形成现行的《工程监理企业资质管理规定》。

6月4日，建设部发布《监理工程师资格考试和注册试行办法》（建设部令第18号），自1992年7月1日起施行。办法所称监理工程师系岗位职务，是指经全国统一考试合格并经注册取得《监理工程师岗位证书》的工程建设监理人员。办法明确了监理工程师的报考条件和注册条件。2006年1月26日、2016年9月13日（建设部令第147号、住房和城乡建设部令第32号）两度修订，形成现行的《注册监理工程师管理规定》。

9月18日，国家物价局和建设部联合发出《关于发布建设工程监理费有关规定的通知》（〔1992〕价费字479号），保证工程建设监理事业的顺利发展，维护建设单位和监理单位的合法权益。

11月17日至19日，建设部建设监理司、广东省建委、同济大学和香港工程师学会在广州联合举办了"建设监理国际研讨会"。这是中国建立建设监理制度以来，第一次举办国际研讨会，向世界宣示了我国建立建设监理制的基本构架，促进了国际同行的相互了解，为今后的国际合作和引进外资提供了相应的条件。

11月20日，建设部和人事部共同确认了第二批276名监理工程师的执业资格。

· 1993 年

5月26日，建设部在天津召开全国工程质量暨第五次建设监理工作会议，李振东副部长到会讲话，建设监理司司长姚兵作了《总结试点经验 抓住发展机遇 把我国建设监理工作推向稳步发展的新阶段》的工作报告。会议全面总结了监理试点的成功经验，并根据需要和全国监理工作现状，部署了监理稳步发展阶段的各项工作。

7月27日，中国建设监理协会召开成立大会，宣布中国建设监理协会成立，并组成第一届理事会。建设部部长侯捷在会上作重要讲话。会议通过了协会章程，选举产生了协会领导集体。

12月底，建设部组织编写的《建设监理概论》《建设项目投资控制》《建设项目质量控制》《建设项目进度控制》《建设工程合同管理》和《数据处理基础》等六本监理培训教材正式发行。

· 1994 年

4月23日至24日，建设部和人事部在北京市、上海市、天津市、广东省、山东省5地共同举行了监理工程师资格考试（试点）。

6月22日，建设部和人事部共同确认了第三批661名监理工程师的执业资格。

· 1995 年

10月9日，建设部和国家工商行政管理局联合发布《工程建设监理合同（示范文本）》GF—95—0202。2000年1月14日、2012年3月27日两度修订，编号分别为GF—2000—0202、GF—2012—0202，形成现行的《建设工程监理合同（示范文本）》。

12月15日，建设部与国家计委联合发布《工程建设监理规定》（〔1995〕建监第737号），同时废止《建设监理试行规定》（〔89〕建监字第367号）。

12月17至21日，建设部在北京召开第六次全国建设监理工作会议，时任国务院副总理的邹家华同志为会议发来贺信，侯捷部长作了重要讲话，谭庆琏副部长作了工作报告。会议全面总结了试点工作经验，明确提出从1996年开始，建设监理转入全面推行阶段。

· 1996 年

10月16日，中国建设监理协会在大连召开第二届会员代表大会，审议并通过了第一届理事会工作报告，选举产生了新一届协会领导集体。

· 1997 年

3月29至30日，建设部和人事部共同组织首次全国监理工程师执业资格考试。

11月1日，《中华人民共和国建筑法》出台，自1998年3月1日起施行。明确了我国推行建筑工程监理制度。确立了建设工程监理的法律地位。

· **2000 年**

1月30日，国务院颁布《建设工程质量管理条例》，自发布之日起施行。明确了工程监理单位及监理工程师的质量责任，明确了必须实行监理的范围。

3月29日，中国建设监理协会在北京召开第三届会员代表大会，建设部副部长郑一军到会讲话，大会通过了新的章程，审议并通过了第二届理事会工作报告，选举产生了新一届协会领导集体。

12月7日，建设部和国家质量技术监督局联合发布了《建设工程监理规范》❶，这是我国工程建设领域所制定的第一部管理型规范。《建设工程监理规范》作为国家强制性规范，于2001年5月1日开始实施。

· **2001 年**

1月17日，建设部发布《建设工程监理范围和规模标准规定》（建设部令第86号），自发布之日起施行。

· **2002 年**

1月，监理培训教材修订本发行，名称统一调整为《建设工程监理概论》《建设工程投资控制》《建设工程质量控制》《建设工程进度控制》《建设工程合同管理》和《建设工程信息管理》。

· **2003 年**

11月24日，国务院颁布《建设工程安全生产管理条例》，自2004年2月1日起施行。明确了工程监理单位及监理工程师在安全生产管理方面的法律责任。

· **2005 年**

6月29日至30日，建设部在大连召开第七次全国建设监理工作会议。会议的主要内容是按照全面落实科学发展观的要求，回顾10年来建设监理工作取得的成就，总结、交流经验，表彰先进，分析建设监理面临的形势和存在的问题，研究建设监理工作的发展方向和改革措施，部署今后的建设监理工作，推进建设监理工作持续健康发展。建设部副部长黄卫在会上作了《改革创新 科学发展 努力开创工程监理工作的新局面》的工作报告。建设部建筑市场管理司司长王素卿在会上作题为《统一思想 狠抓落实 推动工程监理工作健康发展》的讲话。

· **2006 年**

6月27日，中国建设监理协会与香港测量师学会在北京签署了内地监理工程

---

❶ 该规范全称为《建设工程监理规范》GB 50319—2000，现已作废，被《建设工程监理规范》GB/T 50319—2013代替。

师和香港建筑测量师资格互认协议。经过测试，内地255名监理工程师和香港228名建筑测量师分别获得了建筑测量师和监理工程师资格。

10月16日，建设部发布《关于落实建设工程安全生产监理责任的若干意见》（建市〔2006〕248号），对建设工程安全生产监理的主要工作内容、工作程序、监理责任等作出了规定。

11月29日，建设部发出《关于报送2006年建设工程监理统计报表的通知》，要求自2006年起正式实行《建设工程监理统计报表制度》。建设工程监理统计正式纳入国家社会发展和国民经济整个统计体系之中。

• **2007 年**

1月22日，建设部和商务部共同发布《外商投资建设工程服务企业管理规定》（建设部令第155号），这是我国政府发布的第一个关于规范外商投资建设工程服务企业的管理性文件。

3月30日，国家发展改革委员会和建设部联合发布了《建设工程监理与相关服务收费管理规定》（发改价格〔2007〕670号）和《建设工程监理与相关服务收费标准》，第一次对建设工程监理收费标准进行调整。

4月10日，中国建设监理协会在北京召开第四次会员代表大会，审议并通过了第三届理事会工作报告，通过了新的协会章程，选举产生了新一届协会领导集体。

• **2008 年**

11月12日，住房城乡建设部印发《关于大型工程监理单位创建工程项目管理企业的指导意见》（建市〔2008〕226号），推进有条件的大型工程监理单位创建工程项目管理企业，为社会提供全过程、全方位的项目管理咨询服务。大多数中小型监理企业要将建设工程施工阶段的监理作为其主要服务内容，重点做好施工质量和安全生产的监理工作。最终建立起大、中、小型监理企业相对稳定、协调发展的行业组织结构体系。

11月30日，温家宝总理在百家监理企业给总理的一封信上作出重要批示，对进一步做好建设监理工作提出要求。

12月12日，中国建设监理协会在北京召开"中国建设监理事业创新发展20周年总结表彰大会"。全国政协副主席白立忱、国务院南水北调办公室主任张基尧出席了会议，住房城乡建设部副部长陈大卫出席会议并讲话。住房城乡建设部副部长陈大卫在会上传达了温家宝总理最近对工程监理工作做出的重要批示，并提出了贯彻落实的具体要求。会议隆重表彰了一批多年来取得辉煌监理业绩、为工程监理事业的发展作出积极贡献的工程监理企业和监理人员，推出了一批为国家重点工程建设做出杰出贡献的64名中国工程监理大师，特别表彰了一批在建设监理制度的创立和发展中做出特殊贡献的8名杰出人物。

• 2010 年

11月25日，住房城乡建设部在南京召开第八次全国建设工程监理会议。住房城乡建设部副部长郭允冲出席会议并讲话。会议主要任务是按照全面贯彻落实科学发展观的要求，落实中办、国办关于开展工程建设领域突出问题专项治理工作要求，回顾近5年来我国工程监理工作，分析工程监理市场和行业发展方面存在的问题，研究工程监理行业改革创新和发展方向，促进工程监理规范化、科学化和制度化，进一步提高建设工程的质量安全。

• 2013 年

3月27日，中国建设监理协会在北京召开第五届会员代表大会，审议并通过了第四届理事会工作报告，通过了新的协会章程，选举产生了新一届协会领导集体。

5月13日，住房城乡建设部发布国家标准《建设工程监理规范》GB/T 50319—2013，提出了项目监理机构及其设施、监理规划及监理实施细则、工程质量造价进度控制及安全生产管理的监理工作、工程变更索赔及施工合同争议的处理、监理文件资料管理、设备采购与设备监造及相关服务的内容和标准。

• 2014 年

1月10日，中国建设监理协会发布《建设监理行业自律公约（试行）》（中建监协〔2014〕001号）。该公约（试行）共有五章十九条，对监理单位、监理人员的市场行为、执业行为等都作了具体的约定与规范，对企业及个人遵守公约或违反公约也作了奖励与处罚的约定。

• 2015 年

3月6日，《住房城乡建设部关于印发〈建设单位项目负责人质量安全责任八项规定（试行）〉等四个规定的通知》（建市〔2015〕35号）发布。其中，《建筑工程项目总监理工程师质量安全责任六项规定（试行）》要求严格按照法规、合同和《建设工程监理规范》GB/T 50319—2013做好监理工作，提出了建筑工程项目总监理工程师应当严格执行六项规定并承担相应责任。

12月15日，住房城乡建设部建筑市场监管司印发《关于勘察设计工程师、注册监理工程师继续教育有关问题的通知》（建市监函〔2015〕202号），按照《国务院关于第一批清理规范89项国务院部门行政审批中介服务事项的决定》（国发〔2015〕58号）的要求，不再指定注册监理工程师继续教育培训单位。

• 2016 年

2月6日,《中共中央 国务院关于进一步加强城市规划建设管理工作的若干意见》发布,指出完善工程质量安全管理制度,落实建设单位、勘察单位、设计单位、施工单位和工程监理单位等五方主体质量安全责任。强化政府对工程建设全过程的质量监管,特别是强化对工程监理的监管。

7月5日,《中共中央 国务院关于深化投融资体制改革的意见》(中发〔2016〕18号)发布,提出依法落实项目法人责任制、招标投标制、工程监理制和合同管理制,切实加强信用体系建设,自觉规范投资行为。

9月27日,《国务院办公厅关于大力发展装配式建筑的指导意见》(国办发〔2016〕71号)发布,提出建设和监理等相关方可采用驻厂监造等方式加强部品部件生产质量管控。

11月15日,《住房城乡建设部办公厅关于培育和发展工程建设团体标准的意见》(建办标〔2016〕57号)发布,为工程建设领域团体标准的规范管理指明了方向。

• 2017 年

1月12日,《国务院办公厅关于印发安全生产"十三五"规划的通知》(国办发〔2017〕3号)提出,完善建筑施工安全管理制度,强化建设、勘察、设计、施工和工程监理安全责任。

2月21日,《国务院办公厅关于促进建筑业持续健康发展的意见》(国办发〔2017〕19号)印发,提出鼓励投资咨询、勘察、设计、监理、招标代理、造价等企业采取联合经营、并购重组等方式发展全过程工程咨询,培育一批具有国际水平的全过程工程咨询企业。

3月3日,《住房城乡建设部关于印发工程质量安全提升行动方案》(建质〔2017〕57号)要求,严格落实项目负责人责任。严格执行建设、勘察、设计、施工、监理等五方主体项目负责人质量安全责任规定,强化项目负责人的质量安全责任。开展监理单位向政府主管部门报告质量监理情况的试点,充分发挥监理单位在质量控制中的作用。

5月11日,《住房城乡建设部关于开展全过程工程咨询试点工作的通知》(建市〔2017〕101号)发布,选择北京市、上海市、江苏省、浙江省、福建省、湖南省、广东省、四川省8省(市)以及40家企业(16家监理企业)开展全过程工程咨询试点。

7月7日,《住房城乡建设部关于促进工程监理行业转型升级创新发展的意见》（建市〔2017〕145号）要求，提升工程监理服务多元化水平，创新服务模式，逐步形成以市场化为基础、国际化为方向、信息化为支撑的工程监理服务市场体系；形成以主要从事施工现场监理服务的企业为主体，以提供全过程工程咨询服务的综合性企业为骨干，各类工程监理企业分工合理、竞争有序、协调发展的行业布局；培育一批智力密集型、技术复合型、管理集约型的大型工程建设咨询服务企业。

8月30日，《住房城乡建设部关于开展工程质量安全提升行动试点工作的通知》（建质〔2017〕169号）印发，要求开展监理单位向政府报告质量监理情况试点。通过监理单位向政府主管部门报告工程质量监理情况，充分发挥监理单位在质量控制中的作用，同时创新质量监管方式，提升政府监管效能。

9月5日，《中共中央 国务院关于开展质量提升行动的指导意见》提出，加强重大工程的投资咨询、建设监理、设备监理，保障工程项目投资效益和重大设备质量。

• 2018 年

1月24日，中国建设监理协会在北京召开第六届会员代表大会，审议并通过了第五届理事会工作报告、财务报告，选举产生了新一届协会领导集体。

3月8日，住房城乡建设部发布《危险性较大的分部分项工程安全管理规定》（中华人民共和国住房和城乡建设部令第37号），自2018年6月1日起施行。《规定》明确了监理在专项施工方案、现场安全管理中的职责，以及监理的法律责任。

7月25日，中国建设监理协会发布《中国建设监理协会团体标准管理暂行办法》。

10月30日，中国建设监理协会组织召开工程监理行业创新发展30周年经验交流会，回顾总结了监理行业发展的历程和经验。

• 2019 年

3月13日，国务院办公厅发布《关于全面开展工程建设项目审批制度改革的实施意见》（国办发〔2019〕11号），对工程建设项目审批制度实施了全流程、全覆盖改革，基本形成统一的审批流程、统一的信息数据平台、统一的审批管理体系和统一的监管方式。

3月15日，国家发展改革委、住房城乡建设部联合发布《关于推进全过程工程咨询服务发展的指导意见》（发改投资规〔2019〕515号），在房屋建筑和市政基础设施领域推进全过程工程咨询服务发展，提升固定资产投资决策科学化水平，进一步完善工程建设组织模式，推动高质量发展。

4月30日，住房和城乡建设部办公厅发布《关于同意上海市开展提高注册监理工程师执业资格考试报名条件试点的复函》（建办市函〔2019〕283号），同意上海提高注册监理工程师执业资格考试报名条件试点，试点自2019年4月30日开始，期限2年。

6月20日，住房和城乡建设部等部门发布《关于加快推进房屋建筑和市政基础设施工程实行工程担保制度的指导意见》（建市〔2019〕68号），意见指出支持工程担保保证人与全过程工程咨询、工程监理单位开展深度合作，创新工程监管和化解工程风险模式。

9月15日，国务院办公厅转发住房城乡建设部《关于完善质量保障体系提升建筑工程品质指导意见的通知》（国办函〔2019〕92号）。

10月21日，中国建设监理协会发布《建设工程监理工作标准体系》，旨在建立和完善工程监理标准体系，推进工程监理工作标准化，促进工程监理行业持续健康发展。

· 2020 年

2月28日，住房和城乡建设部、交通运输部、水利部、人力资源和社会保障部印发《监理工程师职业资格制度规定》《监理工程师职业资格考试实施办法》（建人规〔2020〕3号）。原建设部、人事部《关于全国监理工程师执业资格考试工作的通知》（建监〔1996〕462号）同时废止。

2月28日，中国建设监理协会发布《中国建设监理协会会员信用管理办法》《中国建设监理协会会员信用管理办法实施意见》《中国建设监理协会会员信用评估标准（试行）》。

3月2日，中国建设监理协会发布《中国建设监理协会会员自律公约》《中国建设监理协会单位会员诚信守则》《中国建设监理协会个人会员职业道德行为准则》。

3月5日，中国建设监理协会发布《建设工程监理团体标准编制导则》。

3月10日，中国建设监理协会发布《房屋建筑工程监理工作标准（试行）》《项目监理机构人员配置标准（试行）》《监理工器具配置标准（试行）》工程监理资料管理标准（试行）。

5月28日，十三届全国人大三次会议表决通过了《中华人民共和国民法典》，自2021年1月1日起施行。其中第三编合同第十八章第七百九十六条规定，建设工程实行监理的，发包人应当与监理人采用书面形式订立委托监理合同。

7月10日，中国建设监理协会、中国工程建设标准化协会联合发布《建设工程监理工作评价标准》T/CAEC 01—2020。

9月1日，《住房和城乡建设部办公厅关于开展政府购买监理巡查服务试点的通知》（建办市函〔2020〕443号）发布。通过开展政府购买监理巡查服务试点，探索工程监理服务转型方式，防范化解工程履约和质量安全风险，提升建设工程质量水平，提高工程监理行业服务能力。

11月30日，《住房和城乡建设部关于印发建设工程企业资质管理制度改革方案的通知》（建市〔2020〕94号）发布。工程监理资质分为综合资质和专业资质。保留综合资质；取消专业资质中的水利水电工程、公路工程、港口与航道工程、农林工程资质，保留其余10类专业资质；取消事务所资质。综合资质不分等级，专业资质等级压减为甲、乙两级。

· 2021 年

1月15日，国务院办公厅电子政务办公室、住房和城乡建设部建筑市场监管司联合发布《全国一体化在线政务服务平台标准，电子证照监理工程师注册证书》（土木建筑工程专业）C 0251—2021。

1月25日，中国建设监理协会发布《装配式建筑工程监理规程》团体标准（中建监协〔2021〕6号）。

3月24日，中国建设监理协会发布《市政工程监理资料管理标准（试行）》《城市轨道交通工程监理规程（试行）》《市政基础设施项目监理机构人员配置标准（试行）》《城市道路工程监理工作标准（试行）》。

4月1日，《关于修改〈建设工程勘察质量管理办法〉的决定》（住房和城乡建设部令第53号）发布，明确工程勘察企业应当向设计、施工和监理等单位进行勘察技术交底。

4月1日，《建设工程消防设计审查验收管理暂行规定》（住房和城乡建设部令第51号）公布，自2020年6月1日起施行。规定明确了监理工作及责任义务。

5月19日，国务院发布《关于深化"证照分离"改革进一步激发市场主体发展活力的通知》（国发〔2021〕7号），将工程监理企业资质由三级调整为两级，取消丙级资质，相应调整乙级资质的许可条件；取消住房城乡建设部门审批的监理事务所资质和公路、水利水电、港口与航道、农林工程专业监理资质。加强事中事后监管措施，开展"双随机、一公开"监管，对在建工程项目实施重点监管，依法查处违法违规行为并公开结果；严厉打击资质申报弄虚作假行为，对弄虚作假的企业依法予以通报或撤销其资质；加强信用监管，依法依规对失信主体开展失信惩戒。6月29日，住房和城乡建设部发布《住房和城乡建设部办公厅关于做好建筑业"证照分离"改革衔接有关工作的通知》（建办市〔2021〕30号）。

6月19日，国家发展改革委发布《关于加强基础设施建设项目管理 确保工程安全质量的通知》（发改投资规〔2021〕910号），明确严格执行项目管理制度和程序，落实工程监理制。

12月1日，中国建设监理协会发布团体标准《化工建设工程监理规程》T/CAEC 003-2021。

• **2022 年**

2月16日，中国建设监理协会发布《施工阶段项目管理服务标准（试行）》和《监理人员职业标准（试行）》。

3月25日，《中共中央 国务院关于加快建设全国统一大市场的意见》发布，意见指出充分发挥法治的引领、规范、保障作用，加快建立全国统一的市场制度规则，打破地方保护和市场分割，打通制约经济循环的关键堵点，促进商品要素资源在更大范围内畅通流动，加快建设高效规范、公平竞争、充分开放的全国统一大市场。

12月29日，住房和城乡建设部发布《建设工程质量检测管理办法》（住房和城乡建设部令第57号），自2023年3月1日起施行。明确了监理在建设工程质量检测活动中的职责和法律责任。

• **2023 年**

2月6日，中共中央、国务院印发《质量强国建设纲要》，要求强化工程质量保障，全面落实各方主体的工程质量责任，强化建设单位工程质量首要责任和勘察、设计、施工、监理单位主体责任。完善勘察、设计、监理、造价等工程咨询服务技术标准，鼓励发展全过程工程咨询和专业化服务。完善重大工程设备监理制度，保障重大设备质量安全与投资效益。